谨以此书献给有志于少儿计算机教育事业发展的广大教学工作者。

—— 陈红霞

陈红霞 著

# 快乐学
# Scratch

上海教育出版社
SHANGHAI EDUCATIONAL
PUBLISHING HOUSE

# 序

## PREFACE

上海是全国最早开展少年儿童电子计算机教育活动的省市之一，中国福利会少年宫在其中发挥了积极的作用。在活动中他们发现少年儿童的学习热情很高，学习效果很好。于是，在1983年6月1日，中国福利会正式成立了我国第一个儿童计算机中心——中国福利会少年宫计算机活动中心，当时的学习内容主要是计算机基础知识和BASIC语言。在上海市教育行政部门的支持与推动下，在少年儿童中掀起了一股学习计算机的热潮。

1984年2月，邓小平同志视察了深圳、珠海和厦门，后到上海视察，16日他观看了中国福利会少年宫计算机活动中心两位学员的计算机操作演示，当计算机屏幕上首先出现"热烈欢迎"的字样，其次出现一个机器人开始演唱，再次出现刻着"中国制造"字样的火箭发射升空，最后出现"中国，飞向宇宙"字幕时，邓小平非常高兴，当场对陪同人员说："计算机普及要从娃娃抓起。"

在这一重要指示的指引下，全国校外计算机普及教育活动拉开了大幕，各地的少年宫、青少年活动中心、青少年科技馆等机构纷纷开设了计算机知识普及课程，组织了多种活动和兴趣小组，并举办了各种内容与形式的计算机竞赛活动。

中国福利会少年宫计算机活动中心通过 40 多年的耕耘，培养了一大批热爱信息科技的少年儿童，其中不少人把信息科技作为自己的专业方向。当年参加演示的李劲同学受此鼓舞，勤奋学习，高一时连跳两级，后考入清华大学，并只用 7 年时间完成本科到博士的学业。1994 年 6 月 1 日，23 岁的李劲在儿童节那天成为当时中国最年轻的博士。后出国深造，成长为一名优秀的专家，从事着他所热爱的计算机事业，他是 20 世纪 80 年代上海市计算机教育成果的优秀代表。

　　中国福利会少年宫计算机活动中心将近年的教学成果，总结整理成信息科技活动课程《快乐学 Scratch》，该活动课程以兴趣激发为导向，以实践动手为抓手，以跨界艺术（少年宫的强项）为亮点，以主题项目作品制作及展示为成果，使少年儿童在活动中掌握知识，培养能力，并且接受艺术的熏陶。中国福利会少年宫计算机活动中心编写出版本书的心愿是，以实实在在的教学成果来回报和纪念邓小平同志四十年前的重要指示。

　　对此我深为感动，作序以表达对中国福利会少年宫计算机活动中心为少年儿童计算机教育事业的发展所作贡献的感谢！并且希望他们与时俱进，在以人工智能为标志的新科技教育中作出新的贡献！

国家教育咨询委员

2024 年 2 月

# 引　言

你是否知道编写电脑程序如同儿时搭积木那么有趣？你是否愿意为小伙伴创作一个多媒体作品？你是否要探索电脑游戏的内部结构和脚本代码？你是否喜欢和同伴共同探究一个主题项目？本书会帮助你解答这些问题。

通过 15 个活动让你玩转 Scratch，在掌握 Scratch 编程知识后，愿你像阳光滋润下的万物健康而阳光，助你回味童年手持风车的快乐时光；让你上探天体运行规律，下寻海洋世界奥秘；帮你汲取传统文化之精华，感受音乐之美的熏陶；教你为人类可持续发展担责，学会绘制未来世界之蓝图。

## 本书的结构

本书分为三部分，第一部分为入门篇，活动一至活动五，让你快速了解 Scratch 环境以及搭积木的方法。第二部分为应用篇，活动六至活动十四，让你学会在多个领域中应用 Scratch 实现数字化学习和创新。第三部分为项目篇，活动十五，让你和小伙伴一起，在开放的环境下，自主选题、深入探究、制定计划、分工合作、完成项目、展示交流，将前面所学的信息技能、信息社会责任呈现出来。

每个活动由以下 8 个栏目组成：

- 活动导入：以情景创设使活动与现实生活相关联。
- 活动分析：理解要完成作品的各要素及关系。
- 动手操作：以详细操作步骤实现作品制作。
- 认真学习：学习新认识指令实现指令积累。
- 程序解读：帮助理解程序算法及实现方法。
- 拓展练习：以活动拓展形式帮助多领域发展。
- 自我评价：检验学习效果。
- 挑战自我：鼓励探究实践以获取更大提高。

## 给家长的话

如果拿到本书，建议先下载并安装 Scratch3.0 软件，每周抽出一定时间，和你的孩子一起从活动一开始做（如果孩子是第一次接触 Scratch）。实践证明，低龄学生和家长共同学习会达成更好的效果，但要避免家长过多"代劳"现象发生。好的做法是：和孩子一起讨论活动背景和意义，孩子在理解活动的基础上按照动手操作步骤自己学习，遇到困难家长可以帮助解决。后续的内容（除自我评价、挑战自我之外）可以和孩子共同学习，帮助孩子理解相关的内容。

## 给教师的话

如果用本书开展课外活动，建议是：零基础的从活动一开始学习，非零基础可在前 5 个活动中挑选 1 至 2 个活动让学生学习，然后从活动六开始学习。每个活动的学习时间为 2 小时，活动导入和分析由教师带着学生一起学，动手操作让学生自己探索实践，需要帮助时可给予恰当指导，认真学习中的重要概念（如流程图、变量、列表等）要详细讲，每个活动中的程序解读都应让学生理解，最后要预留时间让学生进行评价和挑战。

## 致谢

首先要感谢中国福利会少年宫，作为全国第一所开展青少年信息科技教育的单位，40 年来在邓小平同志"计算机普及要从娃娃抓起"指示指引下，以"实验性、示范性、加强科学研究"工作方针，开展了卓有成效的实践与探索，造就了一大批信息科技领域的从业者。

其次要感谢来中国福利会少年宫计算机活动中心参加活动的学员，正是你们的优异学习成绩，验证了教师探索实践的可行性和有效性。

最后要感谢中国福利会少年宫计算机活动中心的教师，团队的齐心合力能起到"1+1 > 2"的成效。

## 联系我们

如果你有任何建议或疑问，请与中国福利会少年宫计算机活动中心的本书作者联系。

# 目 录

CONTENTS

SCRATCH

# 入门篇 »技能技巧

»»

# 快乐的

# 小·猫侠

阳光使天空更加晴朗，阳光下绿树阴浓，阳光让少年充满朝气，阳光促万物茁壮生长。

　　小猫侠是一位阳光乐观的少年，喜欢在大自然中沐浴明媚的阳光，呼吸着清新的空气，健步在绿树丛中，快乐成长。

　　通过本活动学习，让你学会用 Scratch 软件来实现上述意境的动画。

图 1-1　快乐的小猫侠

活动一 ▶ 快乐的小猫侠

本活动所用的元素均取自 Scratch3.0 素材库，共用到三个角色（Cat、Tree1、Sun）和一个背景（Blue Sky）。Cat（小猫侠）角色在 Scratch 软件启动时自动导入，Tree1（树）、Sun（太阳）两个角色须从系统角色库中导入，Blue Sky（蓝天）则从背景库中导入。

在动画中，Tree 和 Sun 静止不动，与 Blue Sky 共同构成动画背景，并对 Cat 赋予脚本代码使其运动。三个角色之间、角色与背景之间没有相关性。

动手操作

1. 打开 Scratch3.0 版软件，打开后的界面如图 1-2 所示。

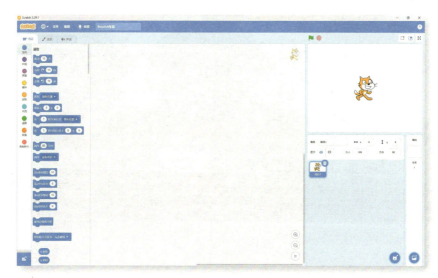

图 1-2　启动 Scratch3.0 后的界面

快乐学 Scratch

2. 在角色列表区内单击"选择一个角色"，打开后的界面如图 1-3 所示。

图 1-3　在角色列表区内单击"选择一个角色"

在角色库中单击"Sun"，打开后的界面如图 1-4 所示，将"Sun"导入。用同样的方法将"Tree1"导入（用到 3 棵树，须导入 3 次）。

图 1-4　在角色库中选中"Sun"，并单击导入

3. 在背景列表区内单击"选择一个背景"，打开后的界面如图 1-5 所示。

图 1-5　在背景列表区内单击"选择一个背景"

在背景库中找到"Blue Sky"，打开后的界面如图 1-6 所示，单击将其导入。

图 1-6　在背景库中找到"Blue Sky"，并单击导入

4. 在舞台区拖曳各角色，按自己的设想布局，构成画面，如图 1-7 所示的画面供参考。

图 1-7　对各角色进行布局，构成画面

**小贴士**

　　在同一位置放置多个角色时，后放置的角色会遮盖住前面放置的角色。本活动中，先放置 Tree1，再放置 Cat，则可实现 Cat 在前，Tree1 在后的画面效果。

5. 在角色区内选择"Cat"，将"代码/事件"中的"当绿旗被点击"积木拖入"脚本区"，如图 1-8 所示。

再拖入命令

先选中角色

图 1-8　选中"Cat"后，将"代码/事件"组中的"当绿旗被点击"积木拖入"脚本区"

6. 将"代码/控制"中的"重复执行"积木拖入"脚本区",并使其与"当绿旗被点击"积木相连,如图1-9所示。

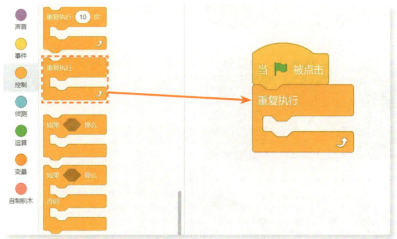

图1-9 将"重复执行"积木拖入,并与"当绿旗被点击"积木块相连

7. 将"代码/运动"中的"移动⑩步"积木拖入"脚本区",并放置在"重复执行"积木的缺口中,如图1-10所示。

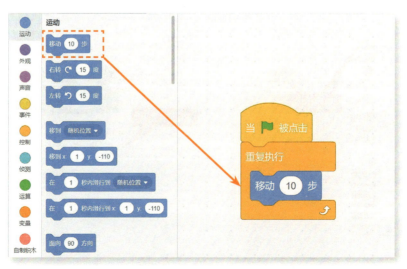

图1-10 将"移动⑩步"积木拖入"重复执行"积木的缺口中

8. 将"代码/运动"中"碰到边缘就反弹"积木拖入"脚本区"内，与"移动⑩步"积木相连，如图 1-11 所示。

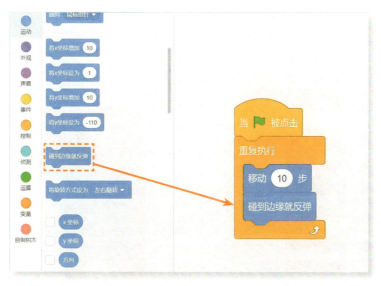

图 1-11　将"碰到边缘就反弹"积木拖入，并与"移动⑩步"积木块相连

9. 将"代码/外观"中的"下一个造型"积木拖入"脚本区"，并与"碰到边缘就反弹"积木相连（如图 1-12 所示）。

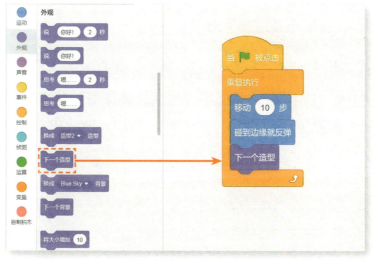

图 1-12　将"下一个造型"积木拖入，并与"碰到边缘就反弹"积木相连

10. 将"代码/控制"中的"等待①秒"积木拖入"脚本区",并与"下一个造型"积木相连,用鼠标点击"等待①秒"中的"1",通过键盘将其改为"0.2",完整的代码,如图1-13所示。

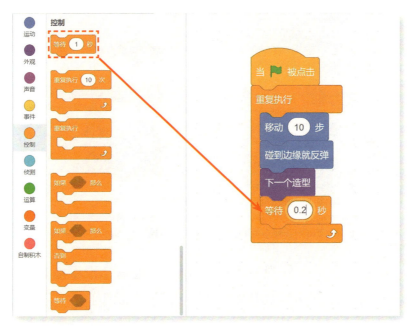

图1-13　将"等待①秒"积木拖入,并与"下一个造型"相连,将等待时间由"1"改为"0.2"秒

11. 将"代码/运动"中的"将旋转方式设为[左右翻转▼]"拖入"脚本区",并插在"当绿旗被点击"和"循环执行"的中间(如图1-14所示)。试一试,不加入此代码会出现什么现象?

快乐学
Scratch

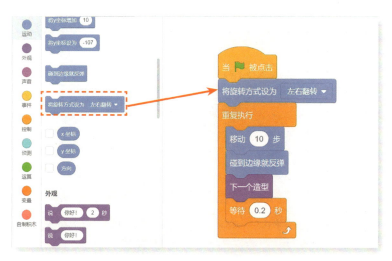

图1-14　将"将旋转方式设为[左右翻转▼]"积木拖入"脚本区",并插在"当绿旗被点击"和"循环执行"的中间

12. 单击舞台区左上方的小绿旗以检验动画效果(如图1-15所示)。

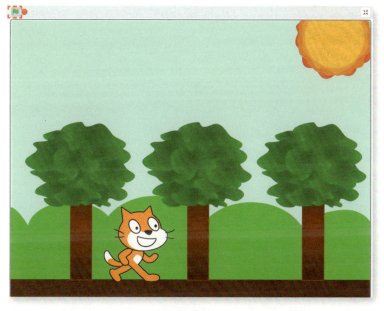

图1-15　单击舞台区左上方的小绿旗以检验动画效果

13. 快乐的小猫侠动画效果实现后，可单击"文件 / 保存到电脑"命令（如图 1-16 所示）。

图 1-16　单击"文件 / 保存到电脑"按钮

在出现的"另存为"对话框中，选择保存的位置后，输入文件名（本例为"快乐的小猫侠 .sb3"），如图 1-17 所示，单击"保存"按钮。

图 1-17　在"另存为"对话框中选择保存位置，并输入待保存的文件名

### 1. 什么是 Scratch

Scratch 是一个面向青少年使用的简易编程工具，青少年可用搭积木的方式创作交互故事、动画、游戏、音乐等作品。

### 2. Scratch3.0 的主界面介绍

Scratch3.0 软件界面主要分为舞台区、角色 / 背景区、代码模块区、脚本区（如图 1-18 所示）。

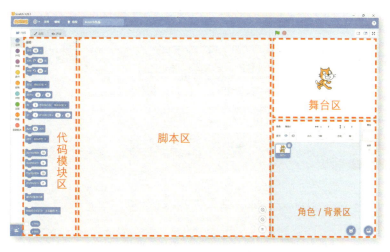

图 1-18　主界面各区分布图

■ **舞台区**：角色表演的地方。

■ **角色 / 背景区**：显示舞台上所有的角色和背景，可以对它们进行添加、删除、修改操作。

■ **代码模块区**：包含不同功能的积木块组，用颜色进行区分，如在蓝色的"运动"模块中包含了使角色进行运动的相关积木。

■ **脚本区**：从代码模块区拖拽积木至本区域，组合后形成脚本（程序），用于控制角色完成相应的功能。

### 3. Scratch3.0 中的角色和背景

角色在 Scratch 中的作用相当于影视作品中的演员，赋予脚本代码，即可实现动画、声音、绘画等表演效果。每个角色都有名字（默认名字为角色 1），可以在角色区内对名字进行修改。角色默认大小是 100，角色大小随数字变化而改变。

背景作用与舞台背景类似，可以进行场景切换，增加动画的画面效果。

### 4. 学一学新认识的积木（指令）

表 1-1　积木

| 积木（指令） | 名称 | 用途 | 参数 |
|---|---|---|---|
| 当 ▶ 被点击 | 当绿旗被点击 | "当绿旗被点击"时，执行指令下方的脚本 | 无 |
| 重复执行 | 重复执行 | "重复执行"指令中间的指令块 | 无 |
| 移动 10 步 | 移动 | 使当前角色移动指定的步数 | 有一个参数，用于指定步数 |
| 碰到边缘就反弹 | 碰到边缘就反弹 | 使当前角色碰到舞台边缘后反弹 | 无 |
| 将旋转方式设为 左右翻转 ▼ | 将旋转方式设为 | 设置当前角色的旋转方式 | 有一个下拉列表参数，用于指定旋转方式 |
| 下一个造型 | 下一个造型 | 设置当前角色的造型为"下一个造型"（若当前角色只有一个造型，那么本指令无效） | 无 |
| 等待 1 秒 | 等待 | 暂停执行程序，"等待"指定时间后，再继续执行程序 | 有一个参数，用于设定等待时间 |

5. 程序解读

如图 1-19 所示，当绿旗被点击时（运行程序），先设定为左右翻转（转向 180 度），然后"重复执行"积木中所包含的程序组合：依次执行角色朝当前方向移动 10 步，如果碰到舞台边缘就反弹（左右翻转），切换到下一个造型（小猫侠为两造型的小动画），等待 0.2 秒。产生小猫侠行走的动画效果，直到点击红灯按钮程序才停止执行。

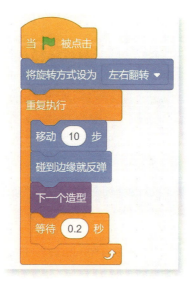

图 1-19　活动——"角色 1"上的脚本（程序）

拓展练习

1. 根据自己完成的动画效果，写一篇小短文，用于描述小猫侠的阳光心态和快乐情绪。

2. 与小组同伴交流，分享自己的文章，同时听取他人的意见。

表 1-2　自我评价表

| 学习内容 | 达到预期 | 接近预期 | 有待提高 |
|---|---|---|---|
| 本次活动完成情况 | 独立完成 ☐ | 帮助后完成 ☐ | 未完成 ☐ |
| 了解 Scratch3.0 主界面各部分作用 | 了解　　☐ | 部分了解 ☐ | 不了解 ☐ |
| 理解本活动中所用积木块的功能 | 理解　　☐ | 部分理解 ☐ | 不理解 ☐ |
| 户外活动对身心健康的意义 | 理解　　☐ | 有点理解 ☐ | 不理解 ☐ |
| 对继续学习的兴趣 | 有　　　☐ | 一般　　☐ | 没有　　☐ |

挑战自己

1. 调整本活动程序脚本中的参数，使小猫侠行走变快。

2. 调整程序脚本中的积木及参数，使小猫侠行走一个来回后即停止。

# 儿 时 的

# 五彩·小·风车

小风车，小风车
一朵花儿四个瓣
风吹来，花瓣转
好似盛开太阳花

　　纸做风车手中拿，迎着风儿奔向前，风车随风快速转，银铃歌声阵阵传。这是很多人儿时的游戏和快乐时光。如今大风车已经成为人类清洁能源的重要组成部分，一个个高大的风车矗立在海边、在山坡上，随着风吹而转动，给人类带来清洁能源和幸福生活。

　　通过本活动的学习，让你学会用 Scratch 软件来制作一个旋转的五彩小风车（如图 2-1 所示）。

图 2-1　旋转的五彩小风车

　　本活动中的小风车由风车叶、风车杆和固定栓三个角色组合而成，三个角色是在 Scratch 的"造型编辑器"中绘制而成。在动画舞台组合时前后的关系是：前面是固定栓，中间是风车叶，后面是风车杆。通过对风车叶角色编写动画脚本，实现风车旋转的动画效果。背景则从背景库中导入。

　　1. 打开 Scratch3.0 版软件，删除系统自带的"小猫"角色，即单击"小猫"角色右上角的垃圾桶或点在"小猫"角色上后右击鼠标并选择"删除"命令（如图 2-2 所示）。

图 2-2　删除系统自带的"小猫"角色

活动二 儿时的五彩小风车

19

2. 在角色区内，单击"选择一个角色/绘制"，并将新建的角色命名为风车叶（如图2-3所示），用同样方法再创建两个新角色，分别命名为风车杆和固定栓。

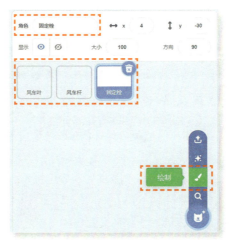

图2-3　新建一个名为风车叶的空白角色

3. 选中"风车叶"角色，单击"造型"标签进入"造型编辑器"（如图2-4所示）。单击"造型编辑器"右下角的放大按钮，绘制区域的棋盘格会变大，浅灰色的瞄准镜图标（造型中心点）会清晰地显示出来。

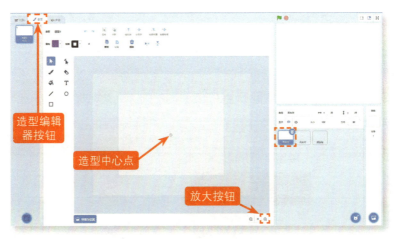

图2-4　Scratch3.0造型编辑器

4. 选择"造型编辑器"左侧工具栏中的"线段"工具，从造型中心点出发，按住鼠标左键向上拖曳至第一个转折点，释放按键，即画出一条直线，再将鼠标移至线的第二个转折点（出现蓝色圆圈），按住鼠标左键拖曳，画出第二条线，再用相同的方法画出第三条线，其终点须与第一条线的起点相交（出现蓝色圆圈），这样画出了一个封闭的三角形（如图 2-5 所示）。

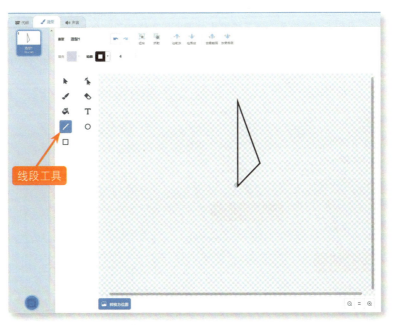

线段工具

图 2-5　用线段工具从造型中心点开始绘制一个封闭三角形

5. 用相同的方法绘制第二个封闭的三角形，即绘制了一个风车叶的轮廓（如图 2-6 所示）。

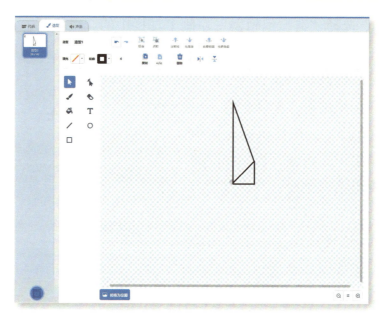

图2-6　用线段工具从造型中心点出发又绘制了一个封闭三角形

6. 使用工具栏中的"选择"工具，按鼠标左键选中已绘制的图形（如图2-7所示），单击"造型编辑器"上方的"复制"

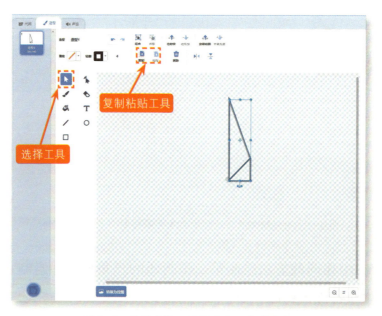

复制粘贴工具

选择工具

图2-7　使用选择工具将两个三角形选中

按钮，再单击"粘贴"按钮（出现了一个被选中复制图形的副本），再单击"垂直翻转"按钮和"水平翻转"按钮，使用键盘上的方向键将复制的内容移动到如图 2-8 所示的位置，即完成了两个风车叶的轮廓。

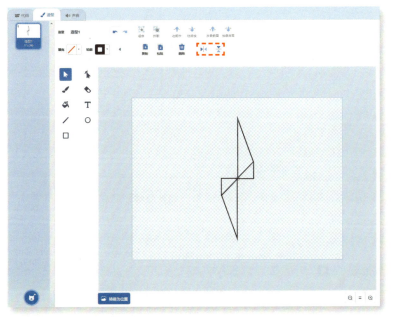

图 2-8　通过"复制/粘贴及水平/垂直翻转"等操作复制另一瓣风车叶

7. 将两个风车叶轮廓选中，使用"复制/粘贴"操作，将鼠标移至转动把柄（鼠标变为手型），按左键将图形转动 90 度，并用方向键将其移动到如图 2-9 所示的位置，即完成四瓣风车叶的制作。

8. 使用"填充"工具，选择合适的颜色分别对风车叶填色（如图 2-10 所示）。

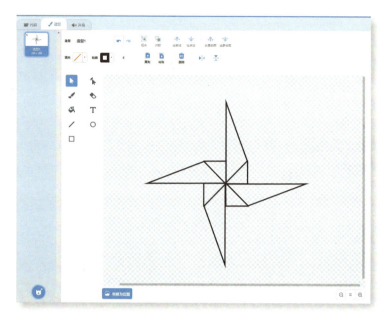

图 2-9  继续用"选择、复制 / 粘贴、翻转移动"完成四瓣风车叶制作

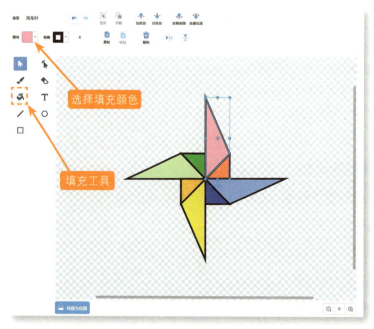

选择填充颜色

填充工具

图 2-10  选择填充颜色为风车叶填色

快乐学

Scratch

9. 使用"选择"工具选中涂色后的风车叶，单击"轮廓"后的下拉箭头，选择无轮廓线（如图 2-11 所示），得到无轮廓线的风车叶（如图 2-12 所示）。

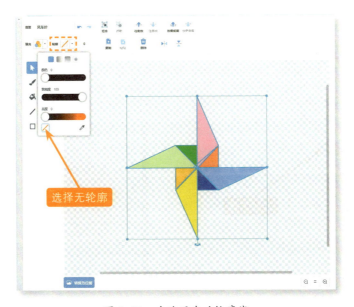

图 2-11　去除风车叶轮廓线

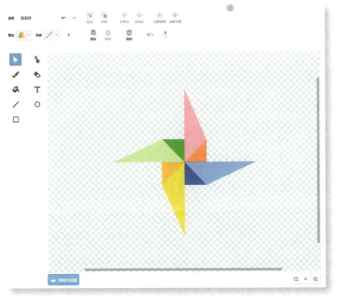

图 2-12　去除轮廓线后的风车叶

10. 单击角色区中的"风车杆"角色，在"造型编辑器"中使用"矩形"工具绘制风车杆，使用"填充"工具对风车杆填色及去除轮廓线（如图 2-13 所示）。

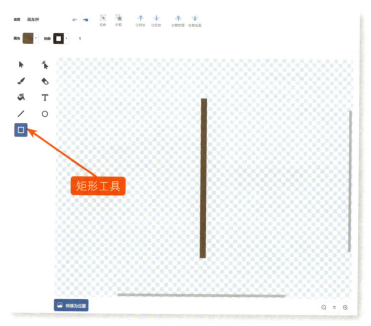

图 2-13　绘制"风车杆"角色

11. 单击角色区中的"固定栓"角色，在"造型编辑器"中使用"圆"工具绘制固定栓，使用"填充"工具对固定栓填色及去除轮廓线（如图 2-14 所示）。

12. 在动画舞台上，拖动"风车杆""风车叶""固定栓"角色组装成风车（如图 2-15 所示）。

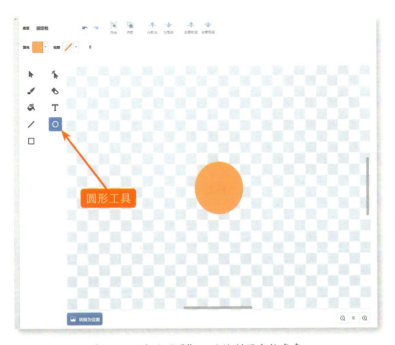

图 2-14　使用"圆"工具绘制固定栓角色

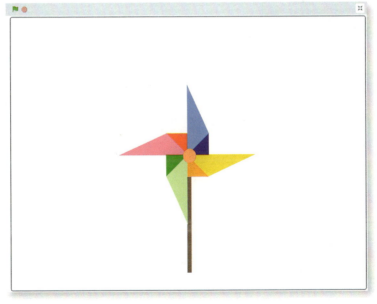

图 2-15　不考虑前后关系的三角色组合

27

13. 在"风车叶"角色上输入如图 2-16 所示的脚本代码。

图 2-16 "风车叶"角色上的脚本代码

14. 在"风车杆"角色上输入如图 2-17 所示的脚本代码。

图 2-17 "风车杆"角色上的脚本代码

15. 在"固定栓"角色上输入如图 2-18 所示的脚本代码。

图 2-18 "固定栓"角色上的脚本代码

16. 从背景库中导入 Blue Sky，移动风车到合适位置（如图 2-19 所示）。

图 2-19　加了背景后的风车

17. 点击"绿旗"检验动画效果（五彩风车按顺时针旋转一圈后停止），然后以"五彩小风车.sb3"文件名保存。

**认真学习**

1. Scratch3.0 的造型编辑器

在 Scratch3.0 中，角色是交互故事、动画、游戏中的主角，虽然系统库中提供了丰富的角色，也提供了创建角色的途径，造型编辑器是制作和修改角色的重要场所，Scratch3.0 的造型编辑器如图 2-20 所示。

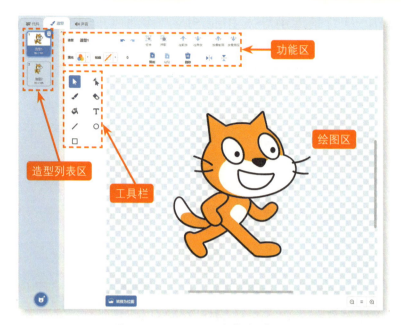

图 2-20 Scratch3.0 的造型编辑器

■ **造型列表区**：显示当前角色的所有造型，一个角色至少有一个造型。当有多个造型且轮流显示时就会产生动画效果。在造型列表区中可进行复制、删除造型的操作。

■ **功能区**：显示当前造型的名字（也可修改造型名字）；"撤销 / 恢复"按钮、"组合 / 拆散"按钮、"往前放 / 往后放"按钮（移动一层），"放最前面 / 放最后面"按钮；为部分画图工具设置填充颜色、设置轮廓线的颜色及粗细；"复制 / 粘贴""删除""水平翻转 / 垂直翻转"按钮。

■ **工具栏**：从上往下，从左往右依次是：选择工具、变形工具、画笔工具、橡皮擦工具、填充工具、文字工具、线段工具、圆形工具和矩形工具。

■ **绘图区**：绘图区是绘制和修改角色造型的场所，有一个造型中心点，角色旋转都是围绕该角色在造型中心点位置进行的，如本活动中风车叶中心点与造型中心点重叠，就能产生以风车叶中心点旋转的动画效果。

快乐学 Scratch

## 2. 学一学新认识的积木（指令）

表2-1　积木

| 积木（指令） | 名称 | 用途 | 参数 |
|---|---|---|---|
| 重复执行 10 次 | 重复执行指定次数 | 使指令中间的指令块重复执行指定的次数 | 有一个参数，用于指定重复执行次数 |
| 右转 ↻ 15 度 | 向右旋转 | 使当前角色向右旋转指定角度 | 有一个参数，用于指定重复执行旋转的角度值 |
| 左转 ↺ 15 度 | 向左旋转 | 使当前角色向左旋转指定角度 | 有一个参数，用于指定旋转的角度值 |
| 移到最 前面 ▾ | 移到指定层 | 使当前角色移到指定层级 | 本指令有一个下拉列表参数，用于指定层级，选项包括"前面"和"后面"两项 |

## 3. 程序解读

图2-21　"风车叶""风车杆""固定栓"角色上的脚本代码

■ **风车叶**：当绿旗被点击后，循环体（右转10度）将被执行36次，共转动的角度数为10度/次 ×36次 =360度，而转动一圈所需的角度数为360度，因此该程序让风车叶转动一圈后停止。

重复执行指定次数的积木下沿有一个凸点，说明该积木后续还能连接其他积木，这与前面活动所学的重复执行积木是有区别的。

■ **风车杆**：当绿旗被点击后，角色移到最后面。

■ **固定栓**：当绿旗被点击后，角色移到最前面。

3个角色在执行的时间上是同步进行的，因此都用到"绿旗被点击"积木。在本活动中是通过编写脚本代码来实现角色之间的前后关系，也可以在风车组合过程中按照角色"先拖在后，后拖在前"的顺序拖放（学生可以试一试）。

## 拓展练习

1. 从互联网、书本或教师、家长处了解风力发电的原理、我国风力发电的发展情况以及为什么说风力发电是清洁能源。

2. 为了可持续发展，我们在日常学习生活中可以做什么？

## 自我评价

表 2-2　自我评价表

| 学习内容 | 达到预期 | | 接近预期 | | 有待提高 | |
|---|---|---|---|---|---|---|
| 完成本次活动 | 独立完成 | ☐ | 得到帮助完成 | ☐ | 未完成 | ☐ |
| 能使用造型编辑器创建角色 | 能够 | ☐ | 需要帮助 | ☐ | 不能够 | ☐ |
| 理解本活动中所用的积木功能 | 理解 | ☐ | 部分理解 | ☐ | 不理解 | ☐ |
| 发展清洁能源对可持续发展的意义 | 理解 | ☐ | 有点理解 | ☐ | 不理解 | ☐ |
| 具有可持续发展从我做起的责任感 | 有 | ☐ | 还行 | ☐ | 没有 | ☐ |

## 挑战自己

1. 在动画舞台上放置两个风车，设计脚本程序使两个风车转动四圈后停止。

2. 修改脚本程序，使一个风车顺时针转动，另一个风车逆时针转动。

# 神奇的

## 海洋世界

世界上各大洋内总共生活着大约 1 000 万种不同物种。中国是一个拥有漫长海岸线和众多岛屿的国家，舟山群岛位于中国东南沿海，是中国最大的岛屿群之一。这里的海域清澈透明，珊瑚礁繁盛，栖息着五彩斑斓的鱼群、珊瑚礁和海龟等海洋生物，形成了一个绚丽多彩的水下花园。

通过本活动的学习，让你学会用 Scratch 软件来模拟一个充满童话色彩的海底世界（如图 3-1 所示）。

图 3-1 海底世界

## 活动分析

　　本活动中所用的 3 个角色（鱼、章鱼、鲨鱼）可从系统角色库中获取，它们同时出现在绚丽的海底世界的不同位置，并向小朋友们作自我介绍。然后，鱼在水中自由移动；章鱼则以敲鼓方式向小朋友们致敬；大鲨鱼在欣赏完章鱼表演后，也开始在海底世界中移动。海底世界图也可从系统背景库中获得。

　　3 个角色同时出现在指定位置并按规定路线移动，需要给 3 个角色赋予各自的脚本代码来实现（同时出现就要用相同的积木开始），这里使用的是"当绿旗被点击时"积木；鱼说话后，给鲨鱼发一条消息，鲨鱼接收到消息后再开始说话，这样就实现了鱼和鲨鱼前后说话的动画效果。

## 动手操作

1. 打开 Scratch3.0 版软件，删除系统自带的"小猫"角色。

图 3-2　删除 Scratch3.0 启动后自带的"小猫"角色

2. 在角色区中，单击"选择一个角色"，在系统角色库的动物分组栏下分别选择 3 种生活在水中的动物角色，本活动选用"octopus""fish""shark2"（如图 3-3 所示）。

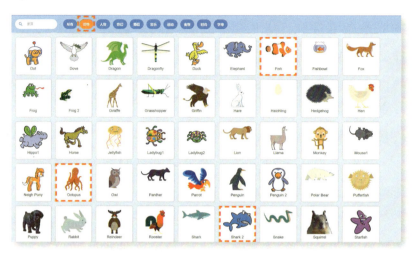

图 3-3　从系统角色库动物分组中导入"octopus""fish""shark2"三个角色

在角色名栏中，将导入的角色分别改名为"章鱼""鱼""鲨鱼"（如图 3-4 所示）。

图 3-4　将导入的"octopus""fish""shark2"
改名为"章鱼""鱼""鲨鱼"

3. 在背景区中，单击"选择一个背景"（如图3-5所示）。

图 3-5　从背景面板中选择一个背景

在系统背景库水下分组中选择背景："underwater1"（如图3-6所示）。

图 3-6　从系统背景库水下分组中选择海底世界背景图

4. 选中"鱼"角色，该角色图标周围会出现蓝色的边框，表示正在被执行操作的角色对象，如图3-7所示。

图 3-7 选中"鱼"角色

在"代码/外观"积木组中的"换成 xx 造型"积木上单击下拉箭头，从出现的造型名中选择一个，如图 3-8 所示，再单击"换成 xx 造型"积木，当前舞台上角色变为新选定的造型。

**小贴士**

Scratch3.0 中角色可以由多个造型组成，通过改变"代码/外观"组中"换造型"积木下拉列表中造型名，再单击更换造型后的积木，实现舞台上角色外观的改变。

图 3-8 选择"代码/外观"组"换造型"积木下拉列表中造型名而改变舞台上角色外观

快乐学 *Scratch*

5. 如图 3-9 所示，分别给"鱼""鲨鱼""章鱼"编写脚本代码，让 3 个角色位于各自的位置，选择所需的造型，设定大小和旋转方式，确定移动的方向。

图 3-9　改变大小、选择造型、确定出现位置、指定移动方向及旋转方式

6. 在本活动中，打招呼说话的顺序是"鱼""鲨鱼""章鱼"，所以在"鱼"角色的后面继续编写脚本代码，如图 3-10 中的红线部分。

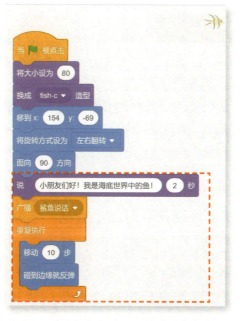

图 3-10　"鱼"打招呼且后续移动脚本代码

7. 在"说并等待"积木第一个参数位输入"小朋友们好！我是生活在海底世界中的鱼"，在第二个参数位输入2，其作用是让"鱼"以单气泡图的方式显示所输入的文本并等待2秒。

8. 使用"广播消息"积木时，单击"下拉箭头"后，可选择系统提供的"消息1"，也可自己指定消息名，如本活动中广播的消息是"鲨鱼说话"，操作步骤是：单击"下拉箭头"后选择"新消息"，在出现"新消息"对话框中输入"鲨鱼说话"，单击确定按钮，如图3-11所示。

图3-11　创建一个"新消息"——"鲨鱼说话"

9. 然后"鱼"角色通过"移动"及"碰到边缘就反弹"操作，在水平方向左右移动。

10. 选中"鲨鱼"角色，因为鲨鱼是在鱼发出消息后开始说话，因此需要单独设计一组脚本代码，启动方式为"当接收到［鲨鱼说话］"积木，后续的积木与"鱼"角色类似（如图3-12所示），唯一不同的是"广播［章鱼表演］并等待"，其执行过程是在鲨鱼广播消息后等待，章鱼接收到消息后开始执行脚本代码，完成后鲨鱼再继续执行后面的脚本。

快乐学
Scratch

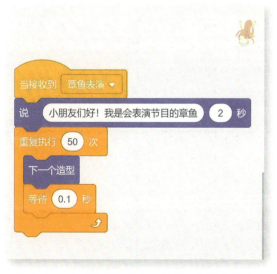

图 3-12  在"鲨鱼"角色上增加一组脚本代码

11. 选中"章鱼"角色，给章鱼单独设计一组脚本代码，启动方式是"当接收到〔章鱼表演〕"积木，确保章鱼是在大鲨鱼说话之后再开始说话（如图 3-13 所示）。

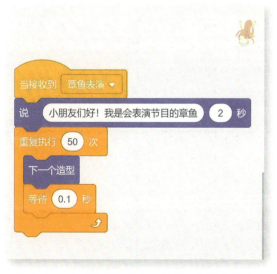

图 3-13  在"章鱼"角色上新增一组脚本代码

12. 单击"绿旗"测试动画效果，然后以"海底世界 .sb3"文件名保存在指定位置。

认真学习

1. Scratch3.0 的动画舞台有多大？

Scratch3.0 舞台是一个"480×360"像素的矩形（如图 3-14 所示），用直角坐标系表示角色在舞台上的位置。直角坐标系由横坐标（X）轴和纵坐标（Y）轴构成，横坐标值从左往右依次递增，最小"−240"到最大"240"；纵坐标值从下往上依次递增，从最小"−180"到最大"180"；舞台的中心是坐标原点（0，0）。例如，本活动中鲨鱼出现的坐标位置是（−85，31），鱼出现的坐标位置是（154，−69），章鱼出现的坐标位置是（181，−177），如图 3-15 所示。

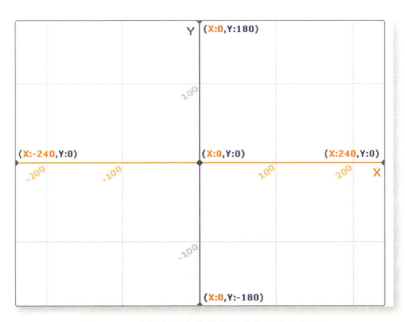

图 3-14　用来表述动画舞台每点位置的坐标轴

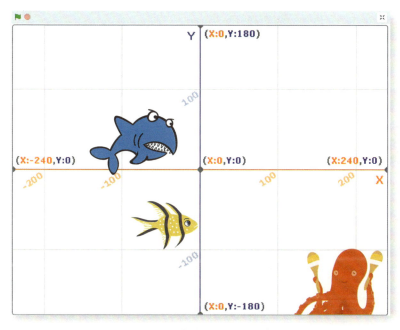

图 3-15　用直角坐标系表述鲨鱼、鱼、章鱼出现的位置

## 2. 学一学新认识的积木（指令）

表 3-1　积木

| 积木（指令） | 名称 | 用　　途 | 参　　数 |
|---|---|---|---|
| 移到 x: 0 y: 0 | 移到坐标位置 | 将当前角色移到参数所指定的坐标位置 | 有两个参数，用于指定 X 坐标值和 Y 坐标值 |
| 面向 90 方向 | 面向指定方向 | 使当前角色面向指定方向 | 有一个参数，用于指定方向的角度值 |
| 说 你好! 2 秒 | 说并等待 | 使当前角色用单气泡图方式显示文本，并等待指定时间 | 有两个参数，第一个参数用于指定显示文本，第二个参数用于指定时间 |
| 换成 造型1 造型 | 换造型 | 将当前角色的造型换成指定名称的造型 | 有一个下拉列表参数，用于指定造型名称（造型名称包含当前角色所有造型的名称） |

活动三 ▶ 神奇的海洋世界

| 积木（指令） | 名称 | 用途 | 参数 |
|---|---|---|---|
| 将大小设为 100 | 将大小设为 | 将当前角色的大小直接设为指定值 | 有一个参数，用于指定设置值 |
| 当接收到 消息1 | 当接收到消息 | 当接收到指定消息时，执行指令下方脚本 | 有一个下拉列表参数，用于指定消息名称（消息名称包含"新消息"、默认的"消息1"或新建的消息） |
| 广播 消息1 | 广播消息 | 广播指定的消息 | 有一个下拉列表参数，用于指定消息名称（消息名称包含"新消息"、默认的"消息1"或新建的消息） |
| 广播 消息1 并等待 | 广播消息并等待 | 广播指定的消息并等待所有接收到这条消息的脚本都执行完后，才会继续向下执行程序 | 有一个下拉列表参数，用于指定消息（消息名称包含"新消息"、默认的"消息1"或新建的消息） |

### 3. 程序解读

（1）本活动中3个角色的两种运行方式

从动画发生时间角度看，3个角色分别有两种运行方式：一是同时开始的，其特征是都戴一顶相同的帽子（如图3-16所示）。二是依次发生的，其特征是通过"广播消息"来通知后一个角色（如图3-17所示）。

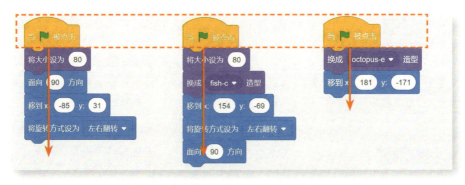

图3-16　3组脚本都用"相同的开始"将同时被运行

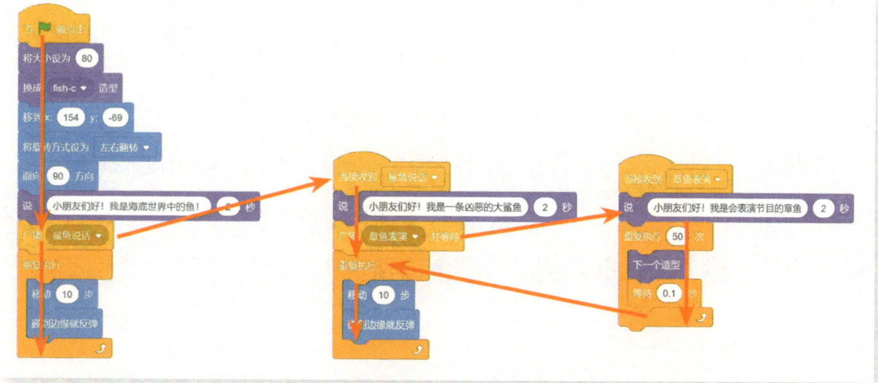

图 3-17　通过"广播消息"实现角色按顺序脚本

## （2）"鲨鱼"角色脚本代码解读

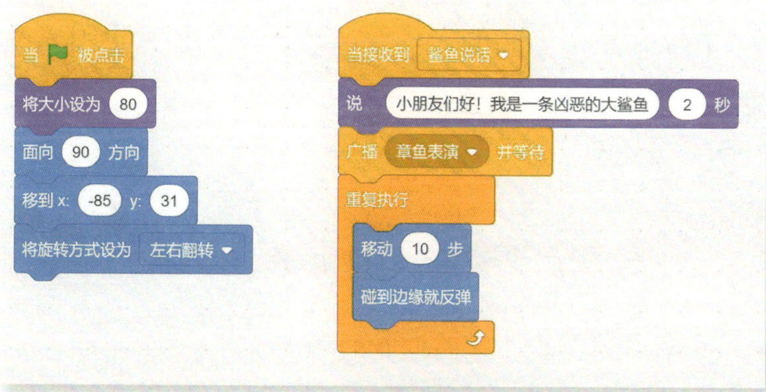

图 3-18　"鲨鱼"角色两组脚本代码

　　"鲨鱼"角色共有两组脚本代码，第一组脚本是：当"绿旗被点击"后，将角色大小设定为 80%（缩小），移动到（-85，31）的位置，面向 90 度方向（右方），把旋转方式设为左右翻转。

　　第二组脚本是：当接收到"鲨鱼说话"消息后，用"说并等待"积木以单气泡方式显示"小朋友们好！我是凶猛的大鲨鱼。"，并等待两秒，然后广播"章鱼表演"消息暂停执行脚本，当消息被"章鱼"接收后，"章鱼"开始执行自身的脚本代码，执行完成后，"鲨鱼"再执行广播消息后面的脚本代码。

（3）广播消息并等待与广播消息两积木的差异

角色在执行广播消息后继续后续的代码，而角色在执行广播消息并等待后处于等待状态，直到接收消息的角色执行完本脚本代码后，发消息的角色再继续执行后续的代码。

## 拓展练习

1. 和爸爸妈妈一起探讨，家中餐桌上有哪些海洋鱼类，通过互联网查询这些鱼类有哪些特点。

2. 了解海洋污染问题，这些污染产生的原因及其危害，你能为缓解海洋污染做些什么？

## 自我评价

表 3-2　自我评价表

| 学习内容 | 达到预期 | | 接近预期 | | 有待提高 | |
|---|---|---|---|---|---|---|
| 完成本次活动 | 独立完成 | ☐ | 得到帮助完成 | ☐ | 未完成 | ☐ |
| 能选择角色中不同造型改变外观 | 能够 | ☐ | 需要帮助 | ☐ | 不能够 | ☐ |
| 了解多角色并行运行和顺序运行脚本代码设计方法 | 了解 | ☐ | 部分了解 | ☐ | 不了解 | ☐ |
| 产生了对海洋世界探索的好奇心 | 有 | ☐ | 还行 | ☐ | 没有 | ☐ |
| 有保护环境从我做起的意愿 | 有 | ☐ | 还行 | ☐ | 没有 | ☐ |

1. 在动画舞台上添加其他海洋动物，利用广播模块把海底世界的故事演绎得更加丰富多彩。

2. 修改原有脚本，使章鱼在表演节目的同时进行上下运动。

我 的

时钟嘀嗒走

时钟是不可或缺的生活用品，它时刻提醒着我们：几点啦，该做什么了。小朋友看了时钟，知道什么时候该去上学，什么时候该去休息；大人看了时钟，知道什么时候该去上班，什么时候该去买菜做饭。小小的时钟，让大家的生活变得充实而有序。

通过本活动的学习，让你学会用 Scratch3.0 软件制作一个指针走动并发出嘀嗒声的时钟。

图 4-1　在 Scratch 中制作的时钟

本活动通过"造型编辑器"绘制一个"钟面""时针""分针""秒针"4个角色，3个指针都围绕着钟面圆心转动，因此需将指针末端的圆形部分与编辑器中的造型中心点重叠。在舞台区组装时钟后给4个角色设计脚本代码，并加入背景音乐，从而实现时钟嘀嗒走动的动画效果。

动手操作

1. 打开 Scratch3.0 版软件，删除系统自带的"小猫"角色。在角色区中单击"选择一个角色/绘制"，新建一个角色。

2. 在角色造型编辑器中，使用"圆"工具。单击"填充"右边的下拉箭头，选择钟面填充颜色；单击"轮廓"右边下拉箭头，选择钟面的轮廓颜色，将轮廓线粗细设为10。在绘制区中，按住鼠标左键从左上角向右下角拖曳，释放按键画出一个大圆，使圆心与造型中心点重合。然后将角色名和造型名都更改为"钟面"（如图4-2所示）。

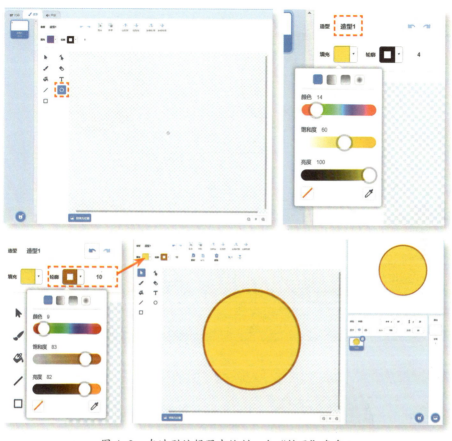

图 4-2　在造型编辑器中绘制一个"钟面"角色

　　3. 使用文本工具，选择钟面数字颜色。在钟面上方位置单击鼠标，在文本框中输入数字"12"，拖曳"12"定界框四周端点调整数字大小，使用方向键或拖曳数字调整位置，将"12"移动到合适的位置。选中数字"12"，通过复制（"Ctrl"＋"C"）/粘贴（"Ctrl"＋"V"），将新出现文本框中的数字改成"3"，拖动至合适位置。用相同的方法制作钟面上的其他数字，并放置在钟面的相应位置（如图 4-3 所示）。

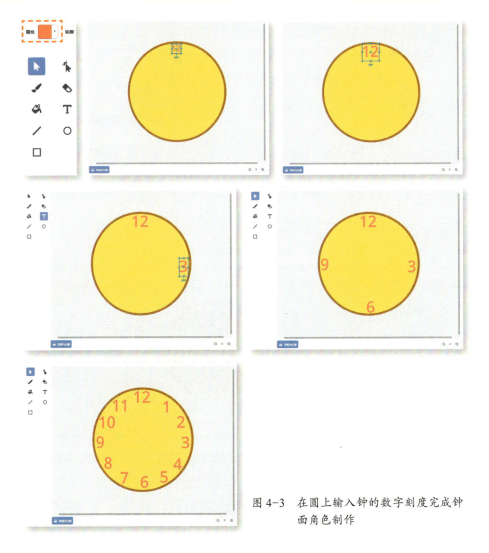

图4-3　在圆上输入钟的数字刻度完成钟
面角色制作

4. 绘制"秒针"角色。新建"秒针"角色，在"秒针"造型编辑器中，使用"圆"工具，设置填充色及无轮廓线（单击轮廓右边下拉箭头后选择"红色斜杠"），绘制一个小圆。单击"造型编辑器"右下角的放大按钮，绘制区域的棋盘格中方格变大，移动绘制的小圆，将其中心点的十字图标与造型中心点（瞄准镜图标）重合。使用线段工具，选择颜色后，在按住"Shift"键的同时按住鼠标左键从圆心向右绘制一条线段（按

住"Shift"键能绘制出一条水平直线），绘制好的秒针如图 4-4
所示。

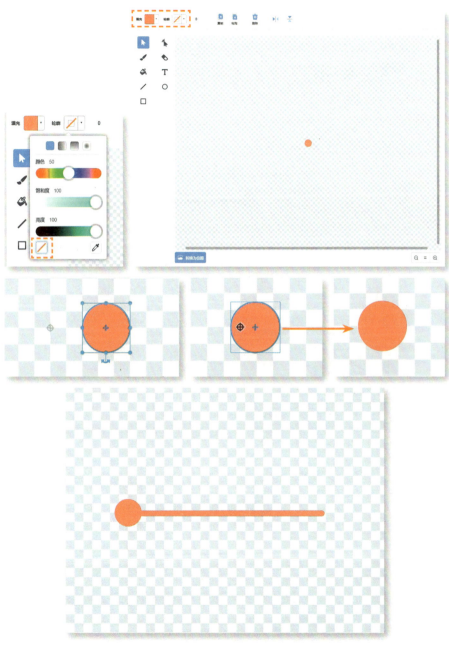

图 4-4　在"造型编辑器"中绘制"秒针"角色

5. 用绘制"秒针"角色的方法，绘制不同颜色和长短的"分针"和"时针"。注意将圆形部分的中心点与造型中心点重合。绘制完的"分针"和"时针"如图4-5所示。

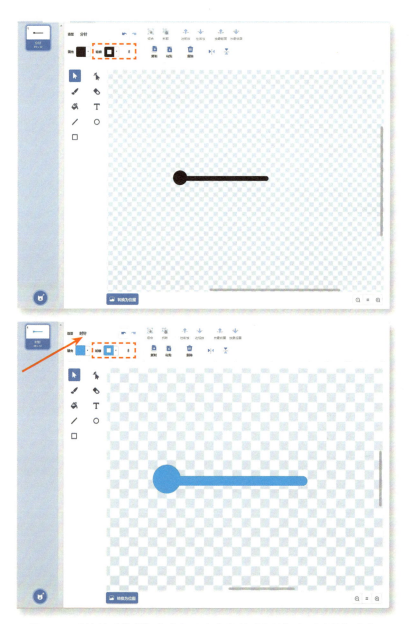

图4-5　用绘制"秒针"角色相同方法绘制"分针"和"时针"角色

快乐学
*Scratch*

6. 给各角色设置初始化脚本代码（如图 4-6 所示），使钟面位于最后面，各角色坐标位置为（0，0），且初始化脚本代码同时运行，都使用"当绿旗被点击"积木。

图 4-6　为各角色设置初始化脚本代码

7. 完善时、分、秒的脚本代码，使时、分、秒针都走起来。Scratch3.0 的"侦测"模块组中有"当前时间的年"积木，能准确得到当前计算机上的时间值。让秒针始终指向该积木中的秒时间值，就能实现秒针走起来的动画效果。在秒针角色的脚本后添加脚本代码（如图 4-7 所示）。

图 4-7　完善后的秒针脚本代码

8. 用同样方法为"分针"角色添加脚本代码（如图 4-8 所示）。

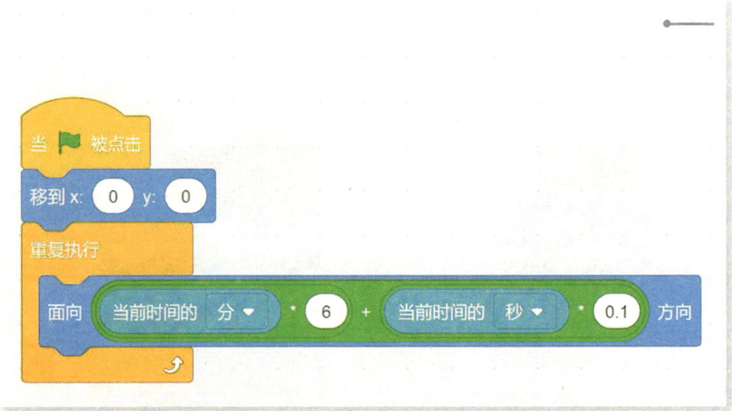

图 4-8 　为"分针"角色添加的脚本代码

9. 为"时针"角色添加脚本代码（如图 4-9 所示）。

图 4-9 　为"时针"角色添加的脚本代码

10. 为时钟加入"嘀嗒"的声音效果。选中背景，然后单击"声音"标签进入"声音编辑器"。单击左下角"选择一个声音"，在搜索栏搜索"clock"，选择"Clock Ticking"这个声音（如图 4-10 所示）。

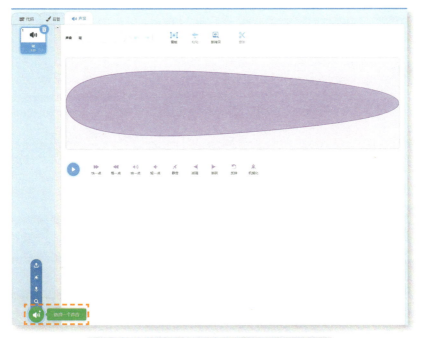

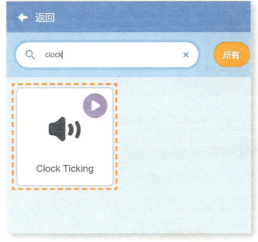

图 4-10　为背景选择一个名为"Clock Ticking"的声音

　　11. 为了让声音和秒针走动节奏相符，可以对声音进行编辑，本例是让声音慢下来，单击"慢一点"按钮四次后，下方显示时长是"12.54"时，"嘀嗒"声基本达到一秒一次（如图4-11所示）。

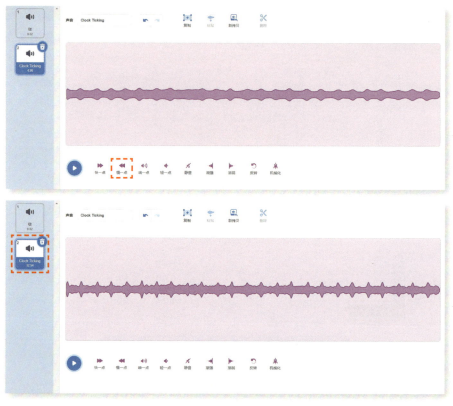

图 4-11　导入"Clock Ticking"声音后通过"声音编辑器"对声音进行编辑

12. 图 4-12 是为背景设置的脚本代码。在 Scratch3.0 中，虽然也能在背景上设置脚本，但可用的积木要比角色使用的积木少。

图 4-12　为背景编写播放声音的脚本代码

13. 点击"绿旗"检验时钟动画效果（如图 4-13 所示），以"时钟 .sb3"文件名保存到指定位置。

图 4-13　制作完成后的时钟效果

认真学习

1. Scratch3.0 的声音编辑器

在声音编辑器中能看到导入声音角色的"波形声音图"（如图 4-14 所示），它是专门用来表示声音的一种方法。

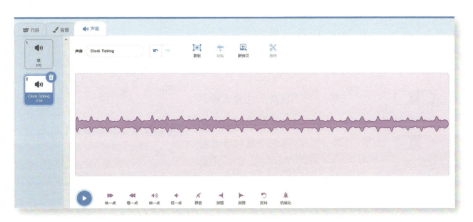

图 4-14　Scratch3.0 声音编辑器

在计算机中，不同的声音对应着不同的电流，记录好每个音的电流和特征，就可以用波形图来描述声音。

在声音编辑器中有一组功能按钮，可以对声音进行快慢、轻响等操作的编辑修改。还提供了复制/粘贴，用于对选中的声音波形进行裁剪的操作。

### 2. 学一学新认识的积木（指令）

表 4-1　积木

| 积木（指令） | 名称 | 用　途 | 参　数 |
|---|---|---|---|
| 播放声音 喵 等待播完 | 播放声音并等待播完 | 播放指定声音并等待播完后，再继续执行程序 | 有一个下拉列表参数，用于指定声音名称（声音名称包含当前角色所有的声音文件名称） |
| 播放声音 喵 | 播放声音 | 在播放指定声音的同时，继续执行程序 | 有一个下拉列表参数，用于指定声音名称（声音名称包含当前角色所有的声音文件名称） |
| 当前时间的 年 | 当前时间 | 获取当前指定的时间属性值 | 有一个下拉列表参数，用于指定需要获取的时间属性（时间属性包括"年""月""日""星期""时""分""秒"） |
| ⬤／⬤ | 加 | 求两个参数相加的和 | 有两个参数，即需要相加的两个数 |
| ⬤／⬤ | 减 | 求两个参数相减的差 | 有两个参数，即需要相减的两个数 |
| ⬤／⬤ | 乘 | 求两个数相乘的积 | 有两个参数，即需要相乘的两个数 |
| ⬤／⬤ | 除 | 求两个数相除的商 | 有两个参数，即需要相除的两个数 |

### 3. 程序解读

时钟的时、分、秒指针都是围绕圆心按顺时针方向转动，转动一周的角度是 360 度。

秒针转动一圈用时 60 秒，共转动了 360 度，由此推算出秒针 1 秒钟转过的角度是：360÷60＝6（度）。所以使其面向当前时间的秒乘以 6（如图 4-15 所示）。

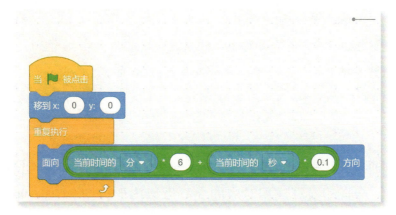

图 4-15　秒针上的脚本代码

分针转一圈用时 60 分，那么分针 1 分钟转动 360÷60＝6（度）。所以当前时间也需要乘以 6。为了使分针的转动显示更加顺畅，就需要和秒针转动关联。分针 1 分钟（60 秒）转过 6 度，那么 1 秒就是 6÷60＝0.1（度），所以目前时间是多少秒，分针就再转动多少个 0.1 度（如图 4-16 所示）。

图 4-16　分针上的脚本代码

时针转动一圈用时 12 小时，所以时针一个小时转动 360 ÷ 12 = 30（度）。因为时针每秒钟转过的角度很小，所以只需将时针的角度变化与分针转动角度关联。时针每小时（60 分钟）转过 30 度，那么每分针就转过 30 ÷ 60 = 0.5（度），也就是目前时间是多少分，时针再增加多少个 0.5 度（如图 4-17 所示）。

图 4-17　时针上的脚本代码

**小贴士**

Scratch 中的时钟采用 24 小时制，如果现在是 13 时，脚本中的 13×30 就会是面向 390 度方向，这相当于在面向 30 度方向的基础上加了 360 度，其结果与面向 30 度方向一样，如 1 点和 13 点指向的方向均为数字 1。

通过图 4-18 可知，在 Scratch 中，方向中的数字超过 360 度后，会自动换算成相对应的 360 度以内的方向。（如 390 度自动变为 30 度）

方向　390

方向　30

图 4-18　验证 Scratch 中面向 390 度和面向 30 度指向相同

## 拓展练习

1. 想一想，在日常生活中还有其他样式的时钟吗？时钟是怎么被发明出来的，又是怎样发展的？可以上网查，也可以询问教师、家长，还可以和同学讨论。

2. 能用 Scratch 软件制作一个数字式时钟吗？

## 自我评价

表 4-2　自我评价表

| 学习内容 | 达到预期 | | 接近预期 | | 有待提高 | |
|---|---|---|---|---|---|---|
| 完成本次活动 | 独立完成 | ☐ | 得到帮助完成 | ☐ | 未完成 | ☐ |
| 能用 Scratch 造型编辑器创建角色 | 能够 | ☐ | 需要帮助 | ☐ | 不能够 | ☐ |
| 能用 Scratch 声音编辑器编辑声音效果 | 能够 | ☐ | 需要帮助 | ☐ | 不能够 | ☐ |

| 学习内容 | 达到预期 | | 接近预期 | | 有待提高 | |
|---|---|---|---|---|---|---|
| 理解本活动中所使用的积木功能 | 理解 | ☐ | 部分理解 | ☐ | 不理解 | ☐ |
| 明白秒针、分针、时针旋转速度的不同之处 | 明白 | ☐ | 有点明白 | ☐ | 不明白 | ☐ |
| 理解时钟能让我们的生活更有规律更有节奏 | 理解 | ☐ | 有点理解 | ☐ | 不理解 | ☐ |
| 有珍惜时间，合理规划时间的意愿 | 有 | ☐ | 还行 | ☐ | 没有 | ☐ |

## 挑战自己

1. 通过造型编辑器，为制作的时钟进行装饰，使整个时钟更美观，赏心悦目。

2. 添加脚本程序，使时钟每到整点，都会响起与当前时间相对应次数的钟声。

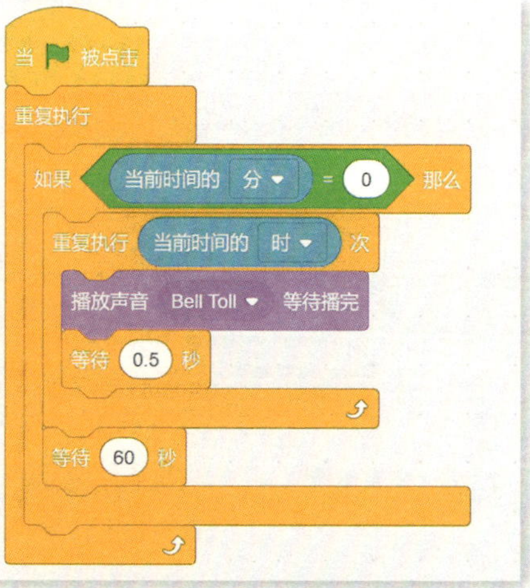

图4-19　整点报时的参考脚本

争 做 当 代

神笔·小·马良

古代有一位叫马良的小朋友，非常喜欢画画，但家里穷，买不起笔。他就用树枝当笔在地上画画，一天一天坚持不懈地画，马良刻苦勤奋的学习精神感动了苍天。有一天晚上，有位神仙爷爷送给他一支神笔，从此他拥有了神奇的法力，他用神笔帮助小伙伴绘制五彩世界！

通过本活动的学习，让你学会使用另一种神笔，即用 Scratch 软件中的画笔模块，绘制绚丽多彩的画。

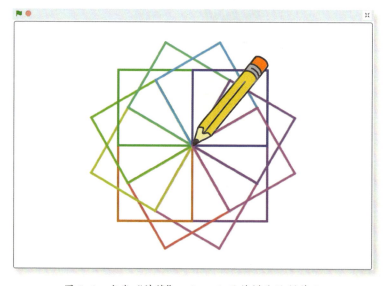

图 5-1　当代"神笔"—Scratch 画笔模块绘制作品

## 活动分析

本活动需要使用 Scratch 扩展组件中的"画笔"，激活与画笔相关的积木，然后从角色库中导入"Pencil"角色，并通过"造型编辑器"对角色进行编辑，再对角色编写脚本，实现绘制正方形、正五边形等图形。

## 动手操作

1. 打开 Scratch3.0 版软件，删除系统自带的"小猫"角色。

2. 从系统角色库中将"Pencil"角色导入。

3. 选中"Pencil"角色，单击"造型"标签进入"造型编辑器"（如图 5-2 所示），删除"pencil-b"造型。

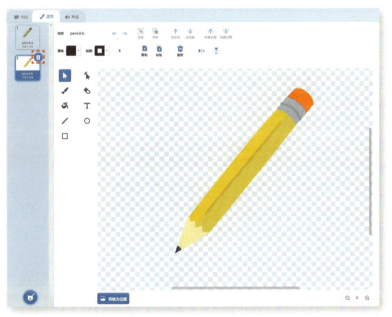

图 5-2　在造型编辑器中删除"pencil-b"造型

4. 单击"造型编辑器"中的"选择"工具，将笔框选后，拖至笔尖与造型中心点重合（如图 5-3 所示）。

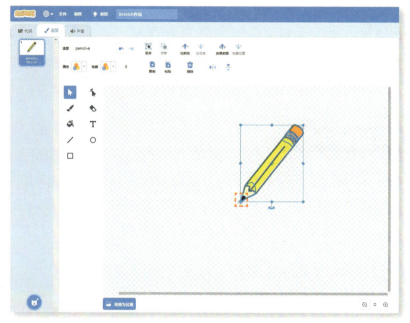

图 5-3　将"pencil"笔尖拖到造型编辑器中心点

5. 单击"代码"标签，单击左下角的"添加扩展"（如图 5-4 所示）。

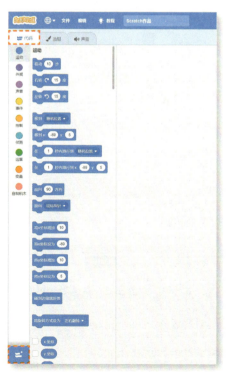

图 5-4　添加一个扩展

在"选择一个扩展"界面中单击"画笔"模块（如图 5-5 所示）。

图 5-5　在"选择一个扩展"界面中选择"画笔"模块

一组画笔的积木就增加至代码模块区中（如图 5-6 所示）。

图 5-6　代码区新增"画笔"组及组内的积木

69

6. 在 "Pencil" 角色上输入如下脚本代码（如图 5-7 所示）。

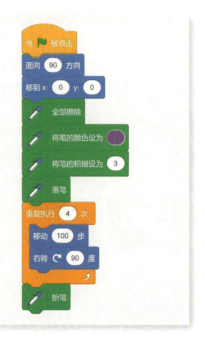

图 5-7 在 "Pencil" 角色上输入的脚本代码

7. 点击 "绿旗" 检验绘制效果（如图 5-8 所示）。

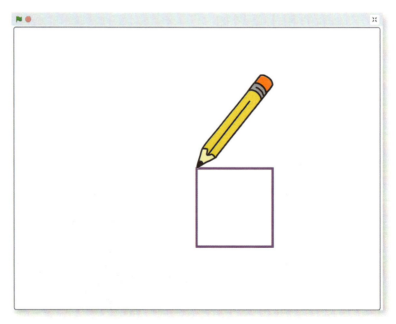

图 5-8 Pencil 绘制了一个正方形

8. 接着以这个正方形一个角为旋转中心，每当绘制完一个同样大小但颜色不同的正方形后就旋转30度，一共绘制12个，最后会形成什么样的图案？要怎样修改程序实现呢？可以参考如图5-9所示的脚本。

图 5-9 绘制 12 个色彩不同且旋转的
正方形

9. 点击"绿旗"检验绘制效果（如图 5-10 所示）。

图 5-10 12 个色彩不同且旋转的正方形所构成的图形

10. 单击菜单命令"文件 / 保存到电脑"（如图 5-11 所示），以"旋转正方形 .sb3"文件名保存到指定位置。

图 5-11　选择"文件 / 保存到电脑"命令保存作品

## 认真学习

### 1. Scratch3.0 扩展模块组中的画笔模块

Scratch3.0 除了自带的功能外，还提供了不少扩展插件（插件是一种按照技术标准而开发的新函数库，又叫扩展模块）。当添加了一个扩展模块后，在代码模块区内会新增一组积木，如本活动增加了"画笔"扩展模块后，就新增了如图 5-12 所示的积木。

Scratch3.0 是免费开源软件，全世界有很多个人和组织都为它提供扩展模块。

快乐学 *Scratch*

图5-12 添加"画笔"扩展模块后新增加的积木

## 2. 学一学新认识的积木（指令）

表5-1 积木

| 积木<br>（指令） | 名称 | 用 途 | 参 数 |
|---|---|---|---|
| 全部擦除 | 全部擦除 | 将舞台中先前画笔留下的痕迹全部清空 | 无 |
| 图章 | 图章 | 在角色位置复印一个和本体一样的图形 | 无 |
| 抬笔 | 抬起画笔 | 将画笔抬起后即使角色移动也不会进行绘制 | 无 |

| 积木（指令） | 名称 | 用　途 | 参　数 |
|---|---|---|---|
| 落笔 | 落下画笔 | 将画笔落下后随着角色移动而绘制线段 | 无 |
| 将笔的颜色设为 ● | 设置画笔的颜色值 | 选择当前画笔的颜色值 | 有一个参数，用于指定画笔的颜色值 |
| 将笔的 颜色 ▼ 增加 10 | 变更画笔的属性值 | 将画笔的属性值在原数值基础上增加指定值 | 有两个参数，第一个下拉列表参数用于指定笔的属性值，第二个参数用于指定增加值（笔的属性包含"颜色""饱和度""亮度""透明度"） |
| 将笔的 颜色 ▼ 设为 50 | 设置画笔的属性值 | 将画笔的属性值直接设为指定值 | 有两个参数，第一个下拉列表参数用于指定笔的属性值，第二个参数用于指定设置值（笔的属性包含"颜色""饱和度""亮度""透明度"） |
| 将笔的粗细增加 1 | 变更画笔的粗细 | 将画笔的笔尖大小在原数值基础上增加指定值 | 有一个参数，用于指定增加值 |
| 将笔的粗细设为 1 | 设置画笔的粗细为 | 将当前画笔的笔尖大小直接设为指定值 | 有一个参数，用于指定指定值，数值越大，线段越粗 |

### 3. 程序解读

当"绿旗被点击"后，角色默认面向右方，移动到舞台 x：0、y：0 的位置作为起始点。清除舞台上原有的绘制图形，设置笔的粗细为 3，颜色为紫色，落笔（移动笔可以绘制图形）。"重复执行"积木缺口处的积木组合（循环体）将被执行 4 次，每次是移动 100 步，右转 90 度。最后抬笔（再移动笔也不会画出图形）。

为什么循环体中使用的是右转 90 度积木呢？因为正方形的特征是有四个角和四条边，并且每个角相等（等于 90 度），每条边也相等（在本活动中绘制的正方形边长为 100）。画正方形旋转角度可以用公式（旋转角度 =360 度 ÷4）计算，得到 90 度。

上述公式可以推广到求任意正多边形旋转角度计算公式：

正多边形旋转角度 =360 度 / 正多边形边数

如：画正五边形旋转角度 =360÷5=72（度）。大家一定要记住正多边形旋转角度的计算公式。

这个脚本在原来的重复执行之外加了一个重复执行，这样的结构称为二重循环（在一个循环结构中嵌套另一个循环结构）。外层的循环体是：先执行内层循环体（重复执行 4 次画线 100 和转角 90 度），绘制出一个正方形后，再右转 30 度，更改画笔

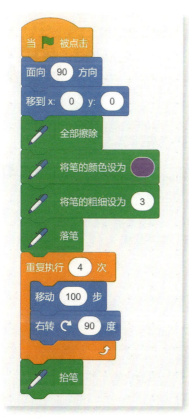

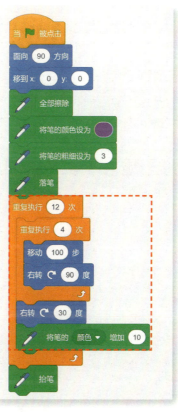

图 5-13　绘制一个正方形的脚本　　图 5-14　二重循环结构的脚本代码

颜色值。这个循环体将被执行 12 次，共绘制了 12 个不同颜色且旋转正方形所构成的图形。最后抬起画笔结束绘制。

## 拓展练习

1. 仔细观察经常使用的生活用品和学习用品是什么形状的。用自己的话说出一件物品的形状特点。比如，它有几个角，几条边，哪些角相等，哪些边相等？

2. 尝试用类似的方法，用画笔工具再绘制一个正五边形、正六边形、正十边形。

3. 仔细观察长方形的特征，能否用画笔工具绘制一个长方形图案？

## 自我评价

表 5-2　自我评价表

| 学习内容 | 达到预期 | | 接近预期 | | 有待提高 | |
|---|---|---|---|---|---|---|
| 完成本次活动 | 独立完成 | ☐ | 得到帮助完成 | ☐ | 未完成 | ☐ |
| 能正确扩展画笔模块并使用 | 能够 | ☐ | 需要帮助 | ☐ | 不能够 | ☐ |
| 理解并熟练掌握画笔模块中各积木的用途 | 理解 | ☐ | 部分理解 | ☐ | 不理解 | ☐ |
| 了解一重循环和二重循环的工作原理 | 了解 | ☐ | 部分了解 | ☐ | 不了解 | ☐ |
| 具有观察身边物体特征的能力 | 有 | ☐ | 有待提高 | ☐ | 没有 | ☐ |
| 能绘制长方形图案 | 能够 | ☐ | 需要帮助 | ☐ | 不能够 | ☐ |

挑战自己

1. 正多边形的边数越多，它越会趋近于什么图形？思考如何控制这个图形的大小。

2. 修改脚本程序，尝试用循环嵌套的方法绘制如图 5-15 所示的图案，颜色可以自己选择。

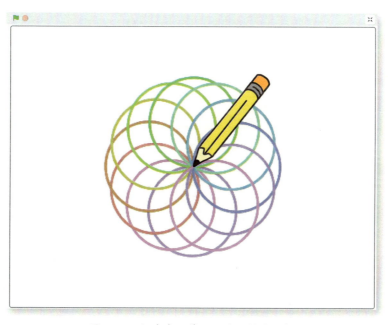

图 5-15　挑战自己第二题要绘制的图案

SCRATCH

应 用 篇 》》拓展视野

古诗词中的

春夏秋冬

中华古诗词是中华传统文化的瑰宝，是中国古代劳动人民的智慧结晶，是中华文化传承的有效载体。

通过本活动的学习，让你学会用 Scratch 制作一个学习古诗词的多媒体作品，同时在制作过程中感受到汉字博大精深的内涵和中华传统文化的魅力。

<table>
<tr><td>

cūn jū
村 居

【清】高鼎

cǎo zhǎng yīng fēi èr yuè tiān
草 长 莺 飞 二 月 天，

fú dī yáng liǔ zuì chūn yān
拂 堤 杨 柳 醉 春 烟。

ér tóng sàn xué guī lái zǎo
儿 童 散 学 归 来 早，

máng chèn dōng fēng fàng zhǐ yuān
忙 趁 东 风 放 纸 鸢。

</td><td>

shān tíng xià rì
山 亭 夏 日

【唐】高骈

lù shù yīn nóng xià rì cháng
绿 树 阴 浓 夏 日 长，

lóu tái dào yǐng rù chí táng
楼 台 倒 影 入 池 塘。

shuǐ jīng lián dòng wēi fēng qǐ
水 晶 帘 动 微 风 起，

mǎn jià qiáng wēi yī yuàn xiāng
满 架 蔷 薇 一 院 香。

</td></tr>
<tr><td>

qiū cí èr shǒu (qí yī)
秋 词 二 首（其 一）

【唐】刘禹锡

zì gǔ féng qiū bēi jì liáo
自 古 逢 秋 悲 寂 寥，

wǒ yán qiū rì shèng chūn cháo
我 言 秋 日 胜 春 朝。

qíng kōng yī hè pái yún shàng
晴 空 一 鹤 排 云 上，

biàn yǐn shī qíng dào bì xiāo
便 引 诗 情 到 碧 霄。

</td><td>

xuě méi
雪 梅

【宋】卢钺

méi xuě zhēng chūn wèi kěn jiàng
梅 雪 争 春 未 肯 降，

sāo rén gē bǐ fèi píng zhāng
骚 人 搁 笔 费 评 章。

méi xū xùn xuě sān fēn bái
梅 须 逊 雪 三 分 白，

xuě què shū méi yī duàn xiāng
雪 却 输 梅 一 段 香。

</td></tr>
</table>

图 6-1　四首古诗词（配汉语拼音）图

本活动从众多的中华古诗词中挑选了 4 首描写春、夏、秋、冬的七言诗，导入或制作合适的背景画面，配以应景的诗词（文字和朗读音），制作成逐页显示的古诗词学习多媒体作品。

本活动所选的四首古诗词分别是《村居》（作者是清朝高鼎）、《山亭夏日》（作者是唐朝高骈）、《秋词二首（其一）》（作者是唐朝刘禹锡）和《雪梅》（作者是宋朝卢钺），4 首诗（如图 6-1 所示）。

在动手制作前可以对照（如图 6-1 所示）上的拼音，熟读 4 首古诗词，对诗词所描写内容有所了解，对诗词所渲染的意境有所感受。

## 动手操作

1. 制作多媒体项目的背景页面，包括：主页、春、夏、秋、冬五个背景。

2. 在 Scratch3.0 中，背景的获取或制作一般有三种途径：一是从背景系统库中导入；二是通过背景编辑器绘制；三是导入外部文件（通过背景区的"上传背景"指令获得，上传图形文件的格式可以是矢量图、位图等）（如图 6-2 所示）。

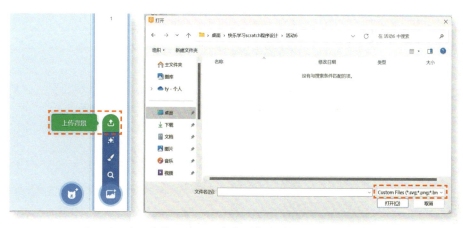

图6-2 使用背景区"上传背景"命令及可导入的文件类型

3.用背景编辑器绘制"主页"背景。单击背景区内的"绘制",新建一个背景,在背景编辑器中将新建的背景命名为"主页"(如图6-3所示)。

图6-3 选择背景区中的"绘制"命令并将新建的背景命名为"主页"

4. 按如下操作步骤制作"主页"背景，"主页"背景最终效果如图 6-4 所示。

图 6-4　制作的"主页"背景效果图

（1）在背景编辑器中，使用矩形工具（选无边框线）绘制 4 个平行排列的矩形（如图 6-5 所示）。

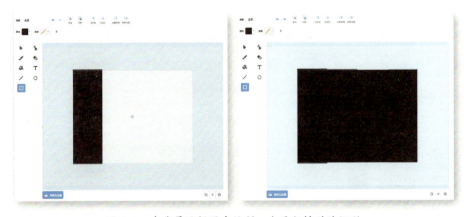

图 6-5　在背景编辑器中绘制四个平行排列的矩形

（2）通过调色器调制春、夏、秋、冬四种颜色和填充效果（如图 6-6 所示），填充 4 个矩形中的颜色效果（如图 6-7 所示）。

图 6-6　为 4 个矩形调制颜色及填充效果

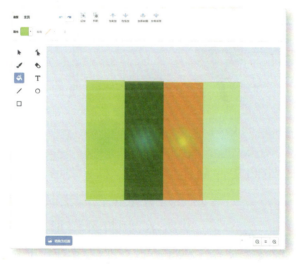

图 6-7　填充 4 个矩形后的颜色效果

（3）从系统角色库中导入树（Tree），在角色造型编辑器中对其进行修改（如图 6-8 所示），并将修改后的造型通过复制 / 粘贴方式添加到"主页"背景中（在角色编辑器中使用 Ctrl+C 复制，切换到背景编辑器中使用 Ctrl+V 粘贴）。再导入雪花（Snowflake）、云（Clouds）角色，修改后用复制 / 粘贴方式添加到"主页"背景中，完成"主页"背景制作。

图 6-8　对导入的 Tree 角色进行处理

5. 导入外部文件制作春、夏、秋、冬 4 个背景。单击右下角背景区内"上传背景"（如图 6-9 所示），打开图形文件所在的文件夹位置，分别将 spring.jpg、summer.jpg、autumn.jpg、winter.jpg 文件导入（如图 6-10 所示），在背景编辑器中将 spring 造型改名"春"（如图 6-11 所示），用同样的方法将其他 3 个造型改名为夏、秋、冬，并将 5 个背景造型按主页、春、夏、秋、冬顺序排列（如图 6-12 所示）。

图 6-9　单击右下角背景区内的"上传背景"

图 6-10 打开背景图片所在文件夹分别导入 4 个文件

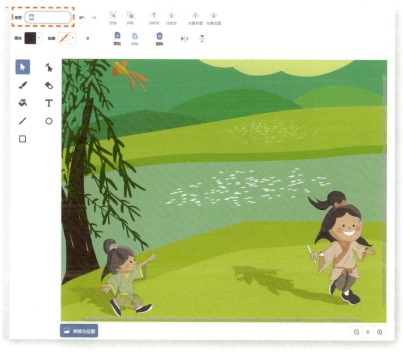

图 6-11 将导入 spring.jpg 造型改名为"春"

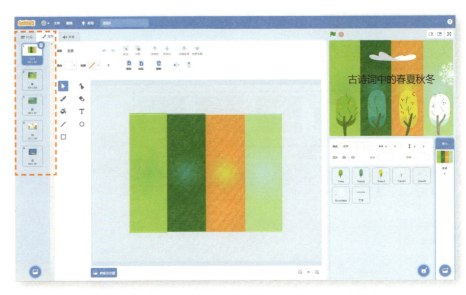

图 6-12　将背景造型按主页、春、夏、秋、冬顺序排列

6. 删除"小猫"角色，创建主页面、村居、山亭夏日、秋词、雪梅 5 个角色（如图 6-13 所示）。

图 6-13　创建主页面、村居、山亭夏日、秋词、雪梅 5 个角色

7. 选择"主页"背景，单击"主页面"角色，在角色编辑器中使用文字工具，在适当的位置输入标题："古诗词中的春夏秋冬"（如图6-14所示）。

图6-14　在主页面角色上输入项目标题"古诗词中的春夏秋冬"

8. 选择"春"背景图，单击"村居"角色，进入角色造型编辑器，使用"文字"工具，输入"村居"古诗词（如图6-15所示），根据背景图调整诗词的位置（如图6-16所示）。

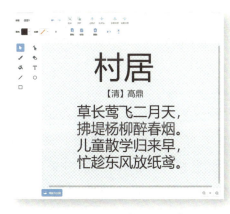

图6-15　输入"村居"古诗词

图6-16　根据背景图调整诗词位置

9. 用同样的方法，在"山亭夏日""秋词""雪梅"3个角色中输入对应的古诗词（如图6-17所示）。

图6-17　根据背景在合适位置输入"山亭夏日""秋词""雪梅"3个角色上的内容

**小贴士**

在输入诗词时，可让其他角色处于"隐藏"状态，便于将诗词调整到画面的合适位置。具体方法是：选中该角色，单击"代码/外观/隐藏"，可隐藏该角色上的内容。

10. 录制朗读"村居"的音频文件。选择"村居"角色，单击"声音"标签页，在左下角选择"录制"（如图6-18所示），出现"录制声音"对话框（如图6-19所示），单击录制按钮对着话筒开始朗读"村居"诗词，完毕后单击"停止录制"，单击"播放"按钮，对录制效果满意，则单击"保存"按钮。

图6-18 选择"录制"

图6-19 录制声音对话框

在声音编辑区内有录制的声音角色和声音波形，并把声音角色名命名为"村居"（如图6-20所示）。

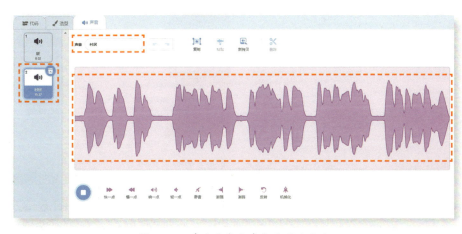

图6-20 声音角色和声音波形及改名

11. 选中"山亭夏日"角色，用与上述步骤相同的方法录制山亭夏日诗词的朗读音，将录制的声音角色命名为"山亭夏日"。然后录制秋词、雪梅两首诗词的声音角色，声音角色名分别命名为"秋词"和"雪梅"。

**小贴士**

在一个角色上导入/录制声音只能在该角色上使用，因此在本活动中，需要在4个角色上分别录制诗词的朗读音。

12. 在"主页面"角色上输入如下两组脚本，其中等待 20 秒是基于每首诗的声音角色播放时间最长不超过 20 秒（如图 6-21 所示）。

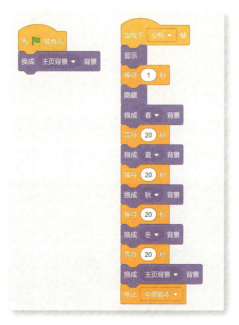

图 6-21 "主页面"角色上的脚本代码

13. 在"村居"角色上输入如下两组脚本代码（如图 6-22 所示）。参照"村居"角色上的脚本，分别为"山亭夏日"角色输入如图 6-23 所示的脚本。

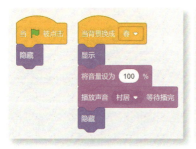

图 6-22 "村居"角色上的两组脚本代码

图 6-23 "山亭夏日"角色上的两组脚本代码

为"秋词"角色输入如图 6-24 所示的脚本，为"雪梅"角色输入如图 6-25 所示的脚本代码。

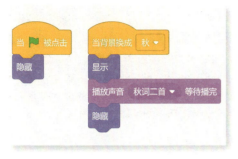

图 6-24 "秋词"角色上的两组脚本代码　　图 6-25 "雪梅"角色上的两组脚本代码

14. 单击绿旗测试结果正确后，以"古诗词中的春夏秋冬 .sb3"文件名保存。

认真学习

1. Scratch3.0 背景操作

（1）在 Scratch 的项目中，背景和角色一样，可以有多个"造型"，不同的"造型"代表不同的背景，通过积木指令可以进行切换。

（2）选中背景再单击"代码"，就可以对背景进行编写脚本代码，不过背景可用的功能积木指令数比角色上的少。

（3）每个项目都会使用到背景，简单作品使用固定的背景画面即可。在作品中希望背景图移动时，可以使用角色作为背景。

## 2. 学一学新认识的积木（指令）

表 6-1　积木

| 积木（指令） | 名称 | 用　途 | 参　数 |
|---|---|---|---|
| 换成 背景1 ▾ 背景 | 换背景 | 将当前舞台的背景换成指定名称的背景 | 有一个下拉列表参数，用于指定背景名称（背景名称包含当前舞台所有背景的名称） |
| 显示 | 显示 | 设置当前角色状态为"显示"，即在舞台上看到角色 | 无 |
| 隐藏 | 隐藏 | 设置当前角色状态为"隐藏"，即在舞台上不能看到角色 | 无 |
| 将音量增加 -10 | 将音量增加 | 将当前角色的音量值在原数值基础上增加指定值 | 有一个参数，用于指定增加值 |
| 将音量设为 100 % | 将音量设为 | 将当前角色的音量值直接设为指定值 | 有一个参数，用于指定设置值 |
| 音量 | 音量 | 获取当前角色的音量值 | 无 |
| 当按下 空格 ▾ 键 | 当按下指定键 | 当按下指定按键时执行指令下方的脚本 | 有一个下拉列表参数，用于指定按键（按键包含一些常用的键盘按键） |
| 当背景换成 背景1 ▾ | 当背景换成 | 当换成指定背景时执行指令下方的脚本 | 有一个下拉列表参数，用于指定背景名称（背景名称包含当前舞台所有背景的名称） |
| 停止 全部脚本 ▾ | 停止 | 停止执行指定的脚本 | 有一个下拉列表参数，用于指定脚本（脚本包含"全部脚本""这个脚本""该角色的其他脚本"） |

3. 用流程图来理解程序

流程图是用规定标准符号描述程序运行的具体步骤及程序流向的图形。规定的标准符号由起止框、处理框、判断框、连接点、流程线、注释框等框图构成。

（1）常用的几种框图（如图 6-26 所示）

| 起止框 | 处理框 | 判断框 | 流程线 | 注释框 |

图 6-26　常见的几种框图

（2）"主页面"角色上脚本流程图（如图 6-27 所示）

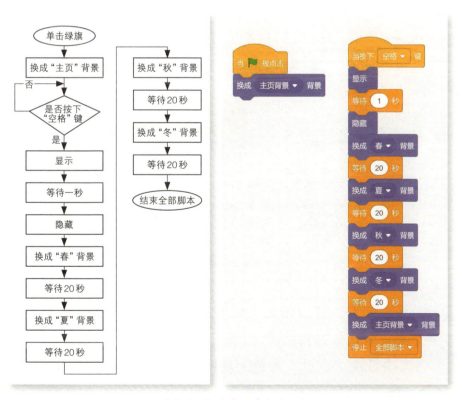

图 6-27　"主页面"角色上脚本代码与流程图

活动六 ▶ 古诗词中的春夏秋冬

当"绿旗"被点击后，换成"主页"背景等待；当按下空格键后，依次换成春夏秋冬背景，在每个背景上等待 20 秒，确保诗词朗诵的声音角色播放完整，最终切换到"主页"背景，停止所有脚本执行。

（3）"村居"角色上脚本（如图 6-28 所示）

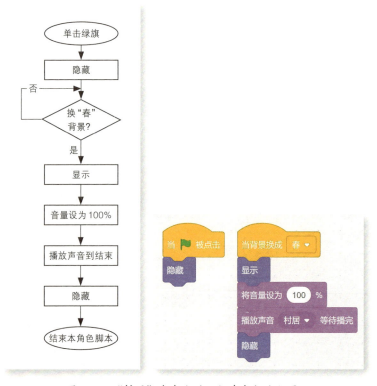

图 6-28 "村居"角色上的两组脚本与流程图

当"绿旗"被点击后，隐藏本角色；当检测到背景换成"春"后，依次执行后续脚本代码。

本项目在"主页"角色上切换不同背景从而激活所对应的角色上脚本代码，实现场景切换达到逐页显示的效果。

## 拓展练习

1. 结合中华古诗词的 4 大特点:

（1）厚重庄严（严谨的形式和深远的内涵）

（2）优美婉约（重于修辞，注重音律和押韵）

（3）精炼简洁（精炼简洁的表达方式，用最简单的语言表达）

（4）情感丰富（重视情感表达，力求情感丰富）

挑选上述 4 篇七言诗中的任意一篇，用文字或语言进行赏析。

2. 讨论：用在本活动中所学的知识和技能，还能制作什么形式和内容的弘扬中华文化的作品？

## 自我评价

表 6-2　自我评价表

| 学习内容 | 达到预期 | | 接近预期 | | 有待提高 | |
|---|---|---|---|---|---|---|
| 能录制音频文件 | 独立完成 | ☐ | 得到帮助完成 | ☐ | 未完成 | ☐ |
| 完成本活动项目 | 独立完成 | ☐ | 得到帮助完成 | ☐ | 未完成 | ☐ |
| 能实现 Scratch 逐页显示效果 | 能够 | ☐ | 需要帮助 | ☐ | 不能够 | ☐ |
| 了解流程图的概念及基本框图的功能 | 了解 | ☐ | 部分了解 | ☐ | 不了解 | ☐ |
| 通过流程图帮助理解主页角色上的脚本作用 | 理解 | ☐ | 部分理解 | ☐ | 不理解 | ☐ |
| 理解用 Scratch 作品传承中华文化的方法 | 理解 | ☐ | 有点理解 | ☐ | 不理解 | ☐ |
| 对古诗词有新认识 | 有 | ☐ | 还行 | ☐ | 没有 | ☐ |

1. 从系统声音库中或从外部导入一首音乐，使其成为整个项目的背景音乐。

2. 制作一个图文音并茂的多媒体项目，内容为学习语文课本中的一首最喜欢的古诗词。

3. 通过互联网搜寻赞美菊花的古诗词，挑选几首最喜欢的诗词，用 Scratch 制作一个"古诗词中咏菊"多媒体项目。

# 坐地日行

# 八万里

"坐地日行八万里，巡天遥看一千河"，太阳系好似一个大家庭，成员有：太阳、八大行星（火星、金星、地球、火星、木星、土星、天王星、海王星），以及一些卫星和小行星。八大行星逆时针绕着太阳旋转，卫星绕着各自行星旋转（如月亮绕着地球转）。

图7-1　太阳系情景模拟图

　　通过本活动的学习，让你学会用Scratch软件制作模拟地球绕着太阳旋转的动画。

## 活动分析

　　在Scratch3.0系统库中有星空的背景（Stars）、太阳（Sun）和地球（Earth）角色，本次活动通过使用上述元素，通过脚本设计模拟地球围绕太阳旋转，月亮绕着地球旋转的动画效果。

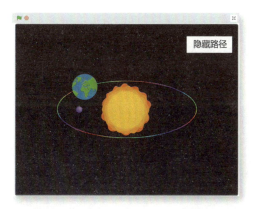

图 7-2 模拟地球绕太阳旋转的效果

## 动手操作

1. 打开 Scratch3.0 版软件，删除小猫角色，从系统背景库中导入星空（Stars）背景图片，从系统角色库中导入太阳（Sun）角色，在角色区中调整其坐标 x 为 0，y 为 0（如图 7-3 所示）。

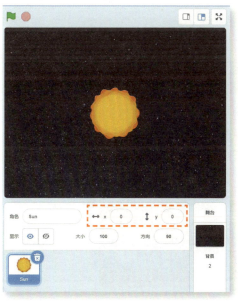

图 7-3　将 Sun 角色 x 和 y 坐标设为 0

活动七 ▶ 坐地日行八万里

2. 从系统角色库中导入地球（Earth）角色，在角色区中调整其坐标 x 为 0，y 为 0，大小为 50%（如图 7-4 所示）。

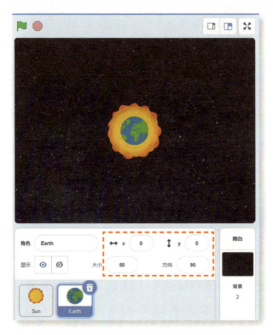

图 7-4　Earth 角色 x 和 y 坐标为 0，大小为 50%

3. 选择太阳（Sun）角色，输入（如图 7-5 所示）的脚本，使太阳自转。

图 7-5　太阳自转的脚本代码

4. 选择地球（Earth）角色，通过"代码/变量"组中的"新建一个变量"（如图 7-6 所示）创建三个私有变量"距离 x"、"距离 y"和"角度"，用来计算地球运动轨迹（如图 7-7 所示）。

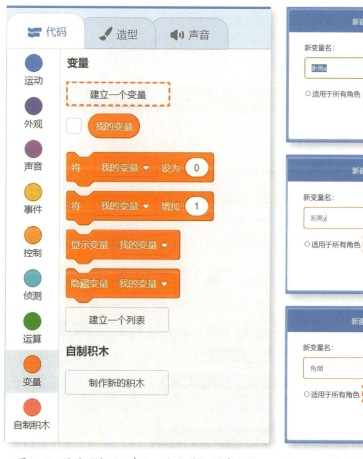
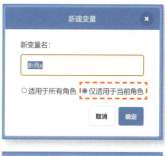

图 7-6　通过"代码/建立一个变量"创建变量　　图 7-7　为地球（Earth）角色创建三个私有变量

**注　意**

"仅适用于当前角色"是指只有当前角色才可以使用这个变量、其他角色不能使用，又称私有变量。

5. 在地球（Earth）角色上输入如图7-8所示的脚本，使地球围绕太阳以椭圆轨迹旋转。

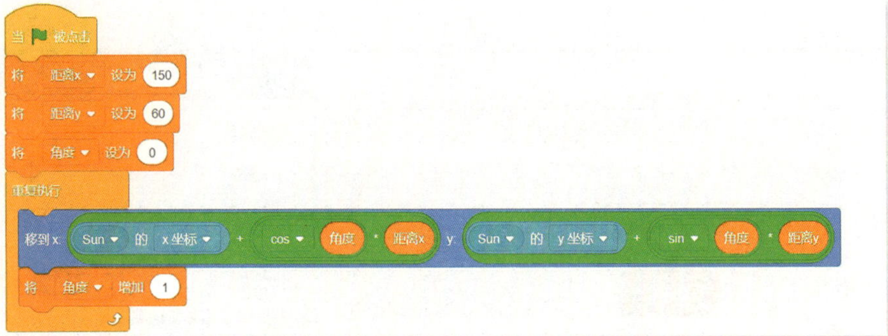

图7-8　地球（Earth）角色上的脚本

### 小贴士

{太阳的x坐标+cos（角度）*距离x}表达式构成方法：先选用 ⬤+⬤ ，再选用 ⬤○⬤ 组合成 ⬤+○⬤ 运算式，从"代码/侦测"中选择（舞台 的 背景编号），通过选择下拉箭头分别选择Sun的x坐标并拖入第一圆框（Sun 的 x坐标 + ○），从"代码/运算"中选择（绝对值 ○），选择下拉箭头选择cos函数并拖入第二圆框（Sun 的 x坐标 + cos ○），从"代码/变量"中"角度"和"距离x"依次拖入后面两个圆框，完成表达式

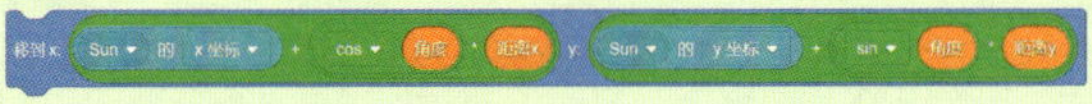

6. 点击"绿旗测试"脚本，正确的动画效果为：在太阳原地自转的同时，地球绕太阳呈现椭圆轨迹逆时针旋转。为了避免地球始终出现在太阳前面，在循环中增加一个"如果……那么……否则"结构：判断当地球的y坐标大于太阳的y坐标，就将地球移到太阳的后面，否则放在太阳的前面，增加脚本中的红色虚线部分（如图7-9所示）。

图 7-9　增加判断让地球围绕太阳旋转

7. 制作月球绕地球动画效果。从角色库中导入小球（Ball）角色，在小球角色的造型面板中删除前四个造型（用第五个造型替代月球）。将 Ball 角色改名为 Moon，将其大小调整为 30%。

8. 选中 Earth 角色，将其脚本区中的代码拖曳到月球（Moon）角色上（拖曳过程中发现 Moon 角色左右摆动），就完成了将 Earth 角色上脚本复制到 Moon 角色上的操作。

9. 选中 Moon 角色，对其脚本做如下几处修改：（1）距离 x 的值改为 50（设置月球与地球距离）。（2）距离 y 的值改为 50（当距离 x 等于距离 y，月球运行的轨迹为正圆）。（3）将代码中所有 Sun 改为 Earth（让月球围绕地球转）。（4）将循环中的角度增加值改为 2（提高月球运行速度，围绕地球转的效果更明显）。修改后的脚本如图 7-10 所示，单击绿旗测试动画效果。

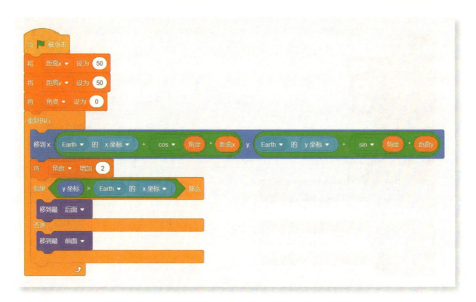

图 7-10　对复制到 Moon 角色上的脚本做四处修改

10. 增加地球运行轨迹。先制作一个按钮：新建一个名为
"按钮"角色，在其造型面板中使用矩形工具绘制一个白色无边
框的矩形，使用文字工具在矩形上面输入"显示路径"。在这个
造型上单击鼠标右键复制出第二个造型，选中第二个造型，将
上面的文字改为"隐藏路径"（如图 7-11 所示）。

图 7-11　制作具有两个造型的"按钮"角色

在 Scratch 中，按钮是具有 2 个造型的角色，在动画中单击按钮可以实现造型之间的切换，并改变开关变量的值，达到接通或断开的效果。

11. 新建一个名为"显示路径"的变量，然后给按钮角色输入如图 7-12 所示的两组脚本。第一组脚本设置按钮的初始状态：当绿旗被点击时，将"显示路径"变量的值设为"否"，显示造型 1 上的内容为"显示路径"。

第二组脚本设置按钮的功能：当按钮被点击时，判断如果"显示变量"变量值为"否"，那么将该变量值设为"是"，换成造型 2；否则变量值为"否"，换成造型 1。

图 7-12　给按钮角色输入两组脚本代码

活动七 ▶ 坐地日行八万里

12. 将"按钮"角色移动到动画舞台的右上方，通过添加扩展加载"画笔"模块组，在地球角色上添加如图 7-13 所示的脚本（红色虚线框内），其作用是将笔颜色设置为红色，重复执行如果显示路径变量值为"是"，那么就落笔，将笔的颜色值增加 1；否则就全部删除后，再抬笔。测试按钮及所有脚本。

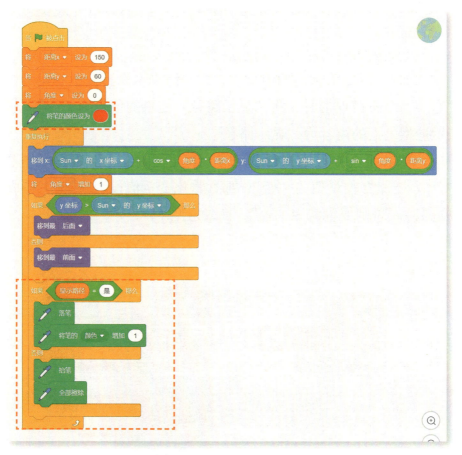

图 7-13　增加了绘制地球角色轨迹的脚本代码

13. 单击"文件 / 保存到电脑"命令，以"太阳系 1.sb3"文件名保存。

## 1. 学一学新认识的积木（指令）

表7-1　积木

| 积木（指令） | 名称 | 用　　途 | 参　　数 |
|---|---|---|---|
| x 坐标 | x 坐标 | 获取当前角色在舞台上的 x 坐标值 | 无 |
| y 坐标 | y 坐标 | 获取当前角色在舞台上的 y 坐标值 | 无 |
| 如果　那么　否则 | 条件判断 | 如果条件成立，那么执行指令的第一个指令块；如果条件不成立，那么就执行指令的第二个指令块 | 有一个参数，用于指定条件 |
| 舞台 的 背景编号 | 对象的属性 | 获取指定对象的指定属性值 | 有两个下拉列表参数。第一个用于指定对象（对象包含"舞台"或除本角色以外的其他角色名称）；第二个参数用于指定需要获取的属性（属性包含"背景编号""背景名称""音量"及新建的变量名称等或角色的"x坐标""y坐标""方向""造型编号""造型名称""大小""音量"等） |
| > 50 | 大于 | 如果第一个参数大于第二个参数，那么返回值为"真"；否则返回值为"假" | 有两个参数，即需要比较的两个数据 |
| < 50 | 小于 | 如果第一个参数小于第二个参数，那么返回值为"真"；否则返回值为"假" | 有两个参数，即需要比较的两个数据 |

| 积木（指令） | 名称 | 用　途 | 参　数 |
|---|---|---|---|
| ＝ 50 | 等于 | 如果第一个参数等于第二个参数，那么返回值为"真"；否则返回值为"假" | 有两个参数，即需要比较的两个数据 |
| 绝对值 ▼ | 函学运算 | 进行各种指定的函学运算 | 有两个参数。第一个是下拉列表参数，用于指定数学运算方法；第二个参数用于指定具体计算的数（数学运算方法包含绝对值、向下取整、向上取整、平方根、sin、cos、tan、asin、acos、atan、In、log、e^、10^） |
| 我的变量 | 变量名 | 获取相应变量的值（变量新建完成后，会在指令区自动添加该变量的变量名指令） | 无 |
| 将 我的变量 ▼ 设为 0 | 将变量设为 | 将变量的值直接设为指定值 | 有两个参数。第一个下拉列表参数用于指定变量；第二个参数用于指定设置值（变量包含"我的变量"或其他新建的变量名称） |
| 将 我的变量 ▼ 增加 1 | 将变量增加 | 将变量的值在原数值基础上增加指定值 | 有两个参数。第一个下拉列表参数用于指定变量；第二个参数用于指定增加值（变量包含"我的变量"或其他新建的变量名称） |

## 2. 变量

（1）变量是什么

Scratch 中的变量是一个存放数据的容器，用于存储用户想要保存的数据，并根据需要对变量中的数据进行处理。

（2）变量的命名

使用变量前，需要命名，一般的变量命名要与其在脚本中的作用相同，如本活动中的"距离 x""距离 y"命名和其在脚本中的作用相符。虽然 Scratch3.0 支持用数字开始的变量名，但不建议使用数字开头的变量名。

（3）Scratch 中变量的种类

Scratch3.0 中有两种变量类型，在新建变量时可在"新建变量"对话框中选取：一是"适用于所有角色"（全局变量），其中的数据可供所有角色使用；二是"仅适用于当前变量"（局部变量或私有变量），其中的数据只为当前角色使用（如本活动中的距离 x、距离 y）。

（4）Scratch 中变量的类型

Scratch3.0 中常见变量类型有三种：

① 数字类型

例如：1，25，3.14

只有放入数字类型数据的变量才能参与数学运算。

② 字符串类型

例如："apple""你好""3.14""+−*/"

字符串是一个或多个符号的排列方式，前后用英文双引号，仅仅起到呈现作用，不能进行数学运算。在 Scratch3.0 中，英文符号和中文符号构成的字符串不需要用英文引号，可以直接使用。

③ 列表类型

列表是变量的一种高级形态，在后续活动中会学到。

3. 按钮制作及作用

在 Scratch 项目中，按钮被用来实现人机交互功能，即：单击按钮可以实现某个功能（本例中可显示运行轨迹），再单击按钮可取消这个功能。

一般按钮包含两个造型的角色构成，可以用文字区分两个状态，也可用颜色来区分，但真的使按钮起作用的还是按钮上的脚本，如本例（如图 7-14 所示）。

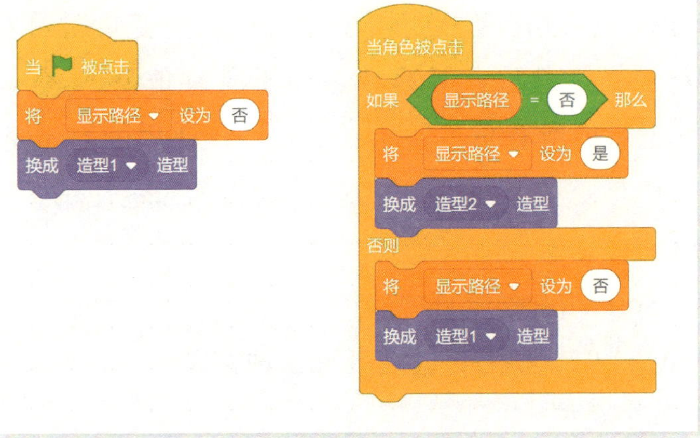

图 7-14　按钮角色通用脚本代码

由两组脚本构成，当绿旗被点击后，按钮开始起作用：显示造型 1，并对一个开关变量（本例为："显示路径"）进行赋值（本例为"否"）；当按钮被点击后，判断逻辑变量值是否为"否"，是则对开关变量赋值为"是"，并显示造型 2；否则对开关变量赋值为"否"，显示造型 1。主程序则根据开关变量中的值来决定是否进行什么操作，如本例（如图 7-15 所示）。

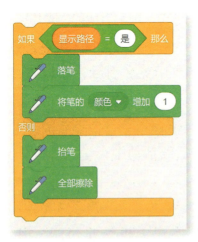

图 7-15　在脚本中使用按钮的方法

当开关变量"显示路径"的值为"是"就落笔，否则就抬笔。

### 4. 认识流程图

**（1）顺序型**

几个连续的处理操作依次排列构成。如本例中依次对变量赋值和设定笔的颜色。顺序型的流程图如图 7-16 所示。

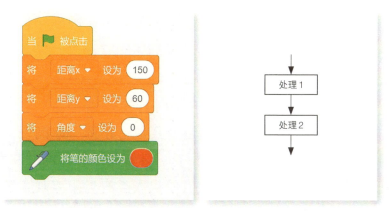

图 7-16　顺序结构流程图

**（2）分支型（选择型）**

由某个逻辑判断式的取值决定选择两个处理中的一个。如本例中的"显示路径"等于"是"，则落笔，再将笔的颜色值增加 1；否则抬笔，然后将绘制的路径删除。分支型的流程图如图 7-17 所示。

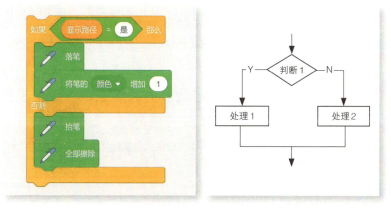

图 7-17　分支结构流程图

1. 地心说到日心说

在人类探索宇宙结构和运动规律过程中，曾有两种学说，即地心说和日心说。地心说（或称天动说）认为地球是宇宙的中心，是静止不动的，而其他星球都环绕着地球而运行。以波兰天文学家哥白尼等为代表的日心说则认为：（1）地球是球形的。（2）地球在运动，并且 24 小时自转一周。（3）太阳是不动的，而且在宇宙中心，地球以及其他行星都一起围绕太阳做圆周运动，只有月亮环绕地球运行。随着科学技术的不断发展，特别是人造地球卫星的成功发射使得人类有近距离观察宇宙的可能，相信在将来，通过人类的不懈努力和探索，必将对宇宙空间有更加清晰的认识和准确的了解。

2. 太阳系各大行星拥有卫星情况

（1）水星和金星没有卫星。

（2）地球有一个卫星是月球。火星有两个小卫星，分别是火卫一和火卫二，这两颗都是形状不规则（非球类）的天体。

（3）木星是太阳系中拥有最多卫星的行星，现已知卫星的数量达到 79 颗之多。木星最大的 4 颗卫星都是由伽利略发现的，所以统称伽利略卫星。

（4）土星拥有 62 颗已确定轨道的天然卫星。天王星拥有 5 颗主群卫星；海王星已发现 14 颗天然卫星。

（5）冥王星有 5 颗卫星。其中有一颗超大的卫星，其直径超过冥王星直径的一半。

表7-2　自我评价表

| 学习内容 | 达到预期 | 接近预期 | 有待提高 |
|---|---|---|---|
| 完成地球绕太阳旋转的动画效果 | 独立完成 ☐ | 得到帮助完成 ☐ | 未完成 ☐ |
| 完成月球绕地球旋转的动画效果 | 独立完成 ☐ | 得到帮助完成 ☐ | 未完成 ☐ |
| 能构建复杂的运算表达式 | 能够 ☐ | 需要帮助 ☐ | 不能够 ☐ |
| 理解局部变量与全局变量的异同 | 理解 ☐ | 部分理解 ☐ | 不理解 ☐ |
| 了解太阳系的成员及运动规律 | 理解 ☐ | 有点理解 ☐ | 不理解 ☐ |
| 对天文知识的兴趣 | 有 ☐ | 还行 ☐ | 没有 ☐ |

挑战自己

　　1. 在完成本次活动的基础上，制作完整的太阳系大家庭（仅含行星）。

　　2. 在作品中给每个行星添加名字。

一闪一闪

亮晶晶

一闪一闪亮晶晶，满天都是小星星

挂在天上放光明，好像许多小眼睛

一闪一闪亮晶晶，满天都是小星星

熟悉的旋律，动听的歌声，伴随着我们度过了金色的童年。许多小伙伴不仅会唱还会用乐器来演奏。

通过本活动的学习，让你学会用 Scratch 软件来演奏这首儿歌。

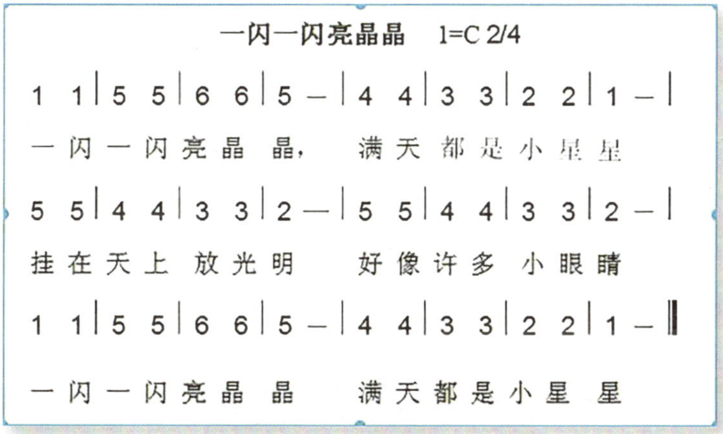

图 8-1 《一闪一闪亮晶晶》儿歌简谱

## 活动分析

与"画笔"扩展模块类似，Scratch 也有一组"音乐"扩展模块。通过"音乐"扩展模块所提供的相关积木，结合相关的乐理知识，就能让 Scratch 用不同的乐器音色来演奏这首儿歌。

《一闪一闪亮晶晶》简谱（如图8-1所示），该谱为C调，四分音符为一拍，每小节两拍。要唱出简谱中每个音符，需要考虑两个要素：音符和时长。音符是指在"Do Re Mi Fa Sol La Si"中唱哪个音，时长则是该音符唱多长时间。

在Scratch3.0中，使用相应的积木发音，也需要给积木赋予音符代码和时长值。

## 动手操作

实现方法一：

1. 打开Scratch3.0版软件，单击左下角"添加扩展"（如图8-2所示），打开如图8-3所示的"添加一个扩展"窗口，单击"音乐"扩展模块，在积木区添加了一组与音乐相关的积木（如图8-4所示）。

图8-2　单击添加扩展　　图8-3　添加"音乐"扩展模块　　图8-4　一组音乐积木

2. 使用"音乐"模块组中的"将乐器设为"积木，将其拖放在"当绿旗被点击"积木后，点击（1）钢琴后面的下拉箭头可设定其他乐器音色（如图 8-5 所示）。

图 8-5　将乐器设定为其他乐器音色

3. 将"音乐"模块组中的"演奏音符"积木拖入代码区连接上述积木，单击第一个参数 60 出现如图 8-6 所示的琴键盘图（C 调的 Do 为 60，Re 为 62，Mi 为 64，Fa 为 65，Sol 为 67，La 为 69，Si 为 71）。从 C（60）开始用鼠标依次单击琴键盘图上的白键，系统会演奏出 C 调的音阶音。

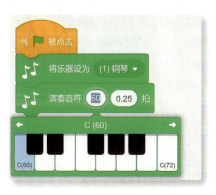

图 8-6　设定音符出现的琴键图

4. 将第二个参数（时长）设为 0.5。

5. 如图 8-7 所示，输入积木组合，再单击"绿旗"，可聆听 Scratch 用钢琴音色演奏的完整儿歌。

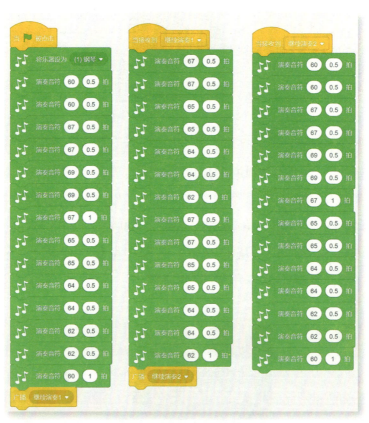

图 8-7　用"演奏音符"积木演奏如图 8-1 所示的儿歌简谱

6. 单击"绿旗"测试脚本，并以"一闪一闪亮晶晶 1.sb3"文件名保存。

实现方法二：

1. 在 Windows 操作系统下，打开一个文件夹，在空白处单击鼠标右键，选择"新建 / 文本文档"命令（如图 8-8 所示），将新建文本文件命名为"小星星音符 .txt"（如图 8-9 所示）。

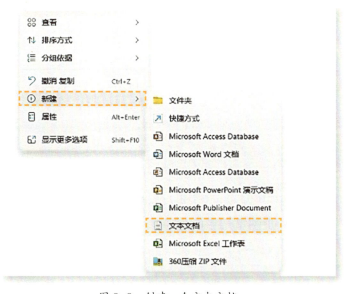

图 8-8　创建一个文本文档

图 8-9　新文档命名为"小星星音符 .txt"

2. 双击"小星星音符 .txt"文件，在记事本中输入如图 8-1 所示的简谱中的 42 个音符码，一行输入一个音符码，最后一行不按回车键（如图 8-10 所示）。

3. 用相同的方法创建"小星星时长 .txt"文件，通过记事本中输入如图 8-1 所示的简谱中的 42 个时长值，一行输入一个时长值，最后一行不按回车键（如图 8-11 所示）。

图 8-10　小星星音符 .txt 中音符码　　　　　图 8-11　小星星时长 .txt 中时长码

4. 进入 Scratch3.0，删除"Cat"角色，从角色库中导入"Radio"角色（如图 8-12 所示）。

图 8-12　导入 Radio 角色

5. 在"代码／变量"组中单击"建立一个列表"（如图8-13所示），在"新建列表对话框"中输入列表名"小星星音符"，默认选择"适用于所有角色"（如图8-14所示）。新建的列表是一个空表，且在动画舞台上显示（如图8-15所示）。

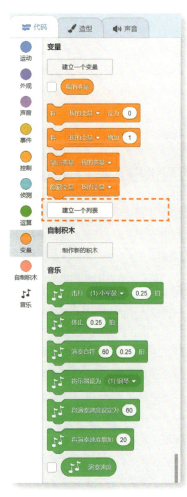

图 8-13　建立一个列表

图 8-14　输入列表名

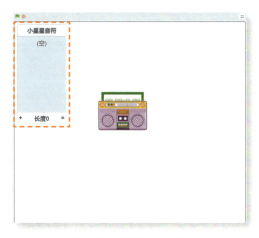

图 8-15　舞台区有个空表

6. 用同样的方法创建一个名为"小星星时长"的列表，现在动画舞台区有两个空列表（如图8-16所示）。

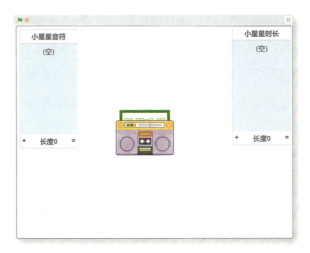

图8-16　舞台区有两个空列表

7. 在动画舞台"小星星音符"列表上单击鼠标右键，出现"导入 / 导出"命令菜单（如图8-17所示），选择"导入"命令，出现"打开"窗口，选择"小星星音符"所在的文件夹（如图8-18所示），双击"小星星音符 .txt"文件，将数据导入列表，列表下方显示长度42（如图8-19所示），说明现在列表中共有42个数据。

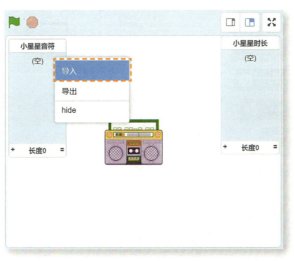

图8-17　列表上单击右键选"导入"命令

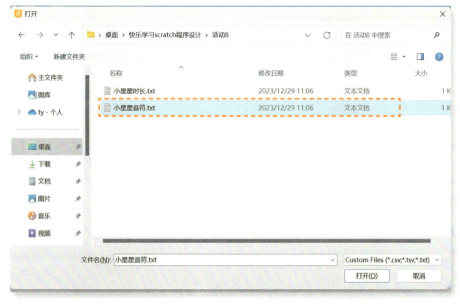

图 8-18　在打开窗口中选择导入文件位置

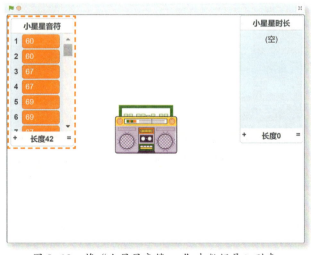

图 8-19　将"小星星音符 .txt"中数据导入列表

　　8. 用相同的方法将"小星星时长 .txt"文件中的数据导入"小星星时长"列表中，动画舞台区内两个列表的数据长度都为42（如图 8-20 所示）。

活
动
八

一
闪
一
闪
亮
晶
晶

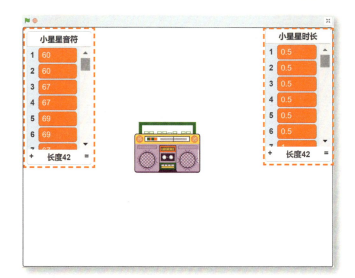

图 8-20　舞台区上导入数据后的两个列表

9. 在 Radio 角色上输入如图 8-21 所示的脚本。

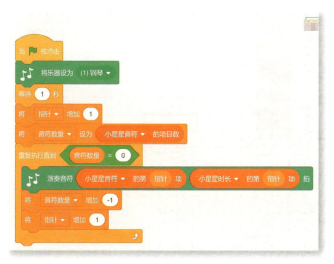

图 8-21　在 Radio 角色上输入的脚本代码

10. 单击"绿旗"检测脚本，能听到用钢琴音色完整演奏如图 8-1 所示的儿歌后，将脚本以"一闪一闪亮晶晶 2.sb3"文件名保存。

快乐学 Scratch

认真学习

## 1. 学一学新认识的积木（指令）

表8-1　积木

| 积木（指令） | 名　称 | 用　途 | 参　数 |
|---|---|---|---|
| 重复执行直到 | 重复执行直到条件成立 | 当指定的条件不成立时，重复执行指令中间的指令块；条件成立后结束重复 | 有一个参数，用于指定条件 |
| 列表▼ 的第 1 项 | 列表指定位置的数据 | 获取指定列表的指定位置数据 | 有两个参数。第一个下拉列表参数用于指定列表，第二个参数用于指定位置编号（列表包含所有列表的名称） |
| 列表▼ 的项目数 | 列表的项目数 | 获取指定列表的项目数，也就是列表的数据个数 | 有一个下拉列表参数，用于指定需要获取数据项目数的列表（列表包含所有列表的名称） |
| 演奏音符 60 0.25 拍 | 演奏音符 | 按指定的音符和时长演奏 | 有两个参数，第一个参数用于指定音符，第二个参数用于指定时长 |
| 将乐器设为 (1)钢琴▼ | 将乐器设为 | 为演奏的音乐选择一个乐器 | 有一个下拉列表参数，用于指定一种乐器（乐器项包含有21种乐器） |

## 2. Scratch 中的列表

在 Scratch3.0 中，列表是一种简单结构的数据仓库（也称数据库），除了可以通过导入 / 导出将数据输入列表和从列表中输出操作外，Scratch 还提供增加、删除、修改、查询等对列表的操作。

在信息技术中，数据库是用来存放数据的仓库，而且它的存储空间足够大，可以存放百万条、千万条、上亿条数据。数据库是按一定的规则存放，便于快速查询。

在 Scratch3.0 中，列表和变量都是用来存储数据，但一个列表可以存储多个数据，而一个变量只能存储一个数据。

3. 程序解读

编写脚本前先完成两项操作：

（1）根据简谱制作两个文本文件（小星星音符 .txt 和小星星时长 .txt），记录简谱中的音符码和时长值。在 Scratch3.0 中新建两个列表（小星星音符和小星星时长），通过导入操作将文本文件中的数据导入列表中。

（2）新建两个变量：指针变量用来指向列表中数据位置，确保准确读取；音符数量变量，脚本据此变量值来决定是否继续执行脚本。

脚本先设置乐器为钢琴，指针变量值设为 1，音符数量为"小星星音符"列表的项目数（简谱的音符总数，本例为 42），

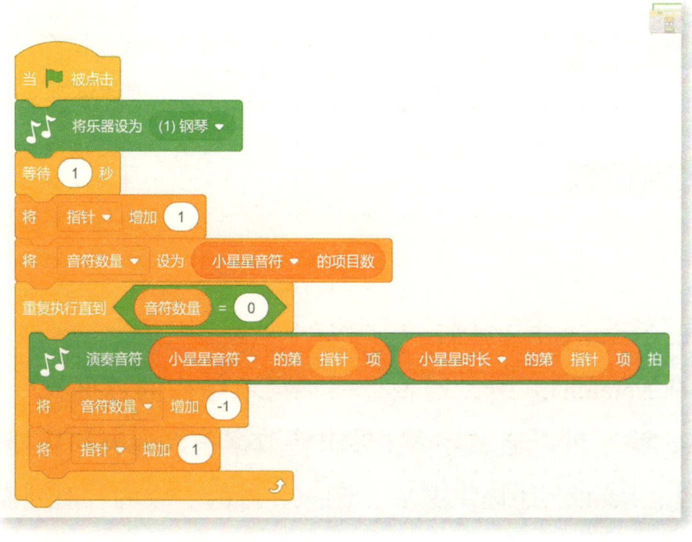

图 8-22　通过读取列表数据而演奏《一闪一闪亮晶晶》儿歌的程序

开始循环直到音符数量为零为止，每次循环执行读取"小星星音符"和"小星星时长"列表中第"指针"项（开始为第一项）中的数据，放入演奏音符积木中发出声音，然后让指针值增加1，音符数量值减少1，直到音符数量值为0，退出循环并结束程序执行。

## 拓展练习

1. 和小伙伴一起，回忆曾经喜爱并熟唱的优秀儿歌，通过什么途径可以获取这些儿歌的简谱？用本活动所学的任一种方法编写脚本，让 Scratch 演奏喜爱的儿歌。

2. 和小伙伴一起，再一次演唱喜欢的儿歌，在熟练演唱的基础上，用 Scratch3.0 中的录音操作，将歌声录制成音频文件，探索在演奏儿歌乐曲的基础上增加录制音频文件，形成人声在机器伴奏下的演唱效果。

## 自我评价

表 8-2　自我评价表

| 学习内容 | 达到预期 | 接近预期 | 有待提高 |
|---|---|---|---|
| 实现方法一 | 独立完成 ☐ | 得到帮助完成 ☐ | 未完成 ☐ |
| 实现方法二 | 独立完成 ☐ | 得到帮助完成 ☐ | 未完成 ☐ |
| 列表的导入数据操作 | 能够 ☐ | 需要帮助 ☐ | 不能够 ☐ |
| 了解列表的作用及几种操作 | 了解 ☐ | 有些了解 ☐ | 不了解 ☐ |
| 了解"重复执行直到"积木的作用 | 了解 ☐ | 有些了解 ☐ | 不了解 ☐ |

| 学习内容 | 达到预期 | | 接近预期 | | 有待提高 | |
|---|---|---|---|---|---|---|
| 理解音乐有使人释放压力、陶冶情操的积极作用 | 理解 | ☐ | 有点理解 | ☐ | 不理解 | ☐ |
| 有用 Scratch 制作更多音乐作品的意愿 | 有 | ☐ | 还行 | ☐ | 没有 | ☐ |

## 挑战自己

1. 能否用两种不同乐器来演奏儿歌《一闪一闪亮晶晶》？

2. 使用 Scratch3.0 的列表功能，设计脚本演奏巴西儿歌《小红帽》，儿歌简谱如图 8-23 所示。

### 小红帽

巴西儿歌
张宁配歌
古幸制谱

1= C 2/4

```
1 2 3 4 | 5  3 1 | i  6 4 | 5 5 3 | 1 2 3 4 | 5 3 2 1 | 2 3 | 2  5 |
人  给 自  走 在   郊  外 的  小路上.  我把糕点  带给外婆   尝 一   尝.
```

```
1 2 3 4 | 5  3 1 | i  6 4 | 5 5 3 | 1 2 3 4 | 5 3 2 1 | 2 3 | 1 1 | i 6 4 |
她 家住在  又 远又  偏 静 的  地方.  我要当心  附近是否  有 大  灰狼. 当太阳
```

```
5 5 1 | i  6 4 | 5  3 | 1 2 3 4 | 5 3 2 1 | 2 3 | 1 1 ‖
下 山岗.  我 要赶  回 家.  问妈妈   一同进入   甜蜜  梦乡.
```

图 8-23 巴西儿歌《小红帽》

挡 球

小·游戏

童年因游戏而快乐，弄堂游戏、棋牌游戏让小伙伴益智又练脑；Scratch3.0软件采用搭积木式的编程模式，众多的角色和背景，丰富的侦测方法，以及易开发、易调试的特点，使其成为一款开发小游戏的利器。

通过三个活动的学习，让你学会在制作小游戏的基础上进一步学习 Scratch3.0 中积木的功能和应用，学习编程的思路和方法。

## 活动分析

《挡球小游戏》运行后，小球在舞台上自由移动，游戏者通过鼠标控制挡板接住小球并让其反弹，小球反弹一次得 1 分，得 5 分换一个造型；小球未被挡板接住且触碰到下方的红线，则游戏结束（如图 9-1 所示）。

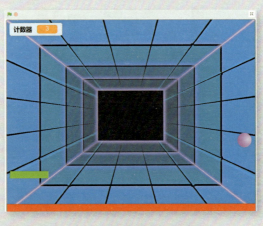

图 9-1 《挡球小游戏》界面

快乐学 Scratch

《挡球小游戏》中的元素有：两个角色（小球、挡板）、一个背景以及位于舞台下方的红线，一个名为"得分"的变量。小球从系统角色库中获得，挡板角色须在造型编辑器中绘制，背景（Neon Tunnel）从背景库中获得，舞台下方红线直接绘制在背景上。

**动手操作**

　　1. 进入 Scratch3.0 主界面，删除默认的角色，将系统角色库中的 Ball（小球）导入。

　　2. 新建一个名为"挡板"的角色，在"挡板"角色造型编辑器中，使用矩形工具绘制一个无边框的彩色矩形（如图 9-2 所示）。

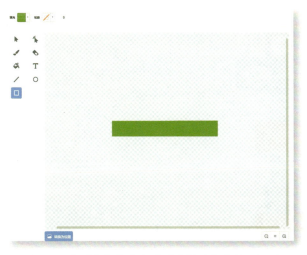

图 9-2　在"挡板"角色造型编辑器中绘制一矩形

3. 从系统背景库中导入 Neon Tunnel 背景（如图 9-3 所示）。

图 9-3　背景库中的 "Neon Tunnel"

4. 为 Ball 角色输入（如图 9-4 所示）的脚本，将小球置于（0，160）坐标位置，面向 45 度方向，大小调整为 90%，然后重复执行以下指令：每次移动 10 步，碰到边界就反弹。

图 9-4　小球在舞台自由移动脚本

**小贴士**

　　一般而言，使用角色需要对其进行初始化操作：设置位置、调整大小、设定方向，在 Scratch3.0 中，角色初始化有两种方式：一是在编写脚本时在最前面通过积木设定；二是在角色面板中进行设定。

5. 为"挡板"角色输入如图9-5所示的脚本代码，将"挡板"的 x 坐标位置等于鼠标 x 坐标位置（实现挡板在水平位置随鼠标移动功能）。

图 9-5　挡板随鼠标水平移动

6. 为了让小球遇到挡板能反弹，需要在"小球"角色上增加一组脚本（如图9-6所示）。重复执行：如果小球碰到了挡板，右转 180 度，移动 10 步。

图 9-6　小球遇到挡板反弹

7. 在舞台背景区内选择"Neon Tunnel"背景，在"背景"造型编辑器中，将"填充"色调和成红色（如图9-7所示），使用矩形工具，在背景图下方绘制一个红色的矩形（如图9-8所示）。

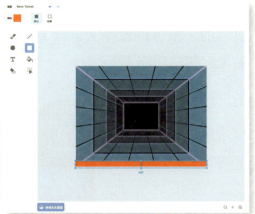

图9-7　在"颜色选择"面板中选择　　图9-8　在背景图下方绘制一个红色长矩形
　　　　红色

　　8. 继续给"小球"角色添加一组脚本（如图9-9所示）。
重复检测小球是否碰到了红色，若碰到则停止游戏（停止全部
脚本）。在输入检测颜色代码时，为了获得准确的颜色值，可
以单击颜色块，在出现的"颜色选择"面板下方选用"取色器"
（如图9-10所示），然后移至舞台红色底线处，当出现如图9-
11所示的画面效果时，就能得到准确的颜色。

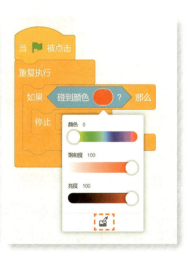

图9-9　小球碰到红线结束游戏　　　图9-10　选用"取色器"

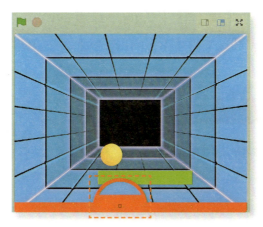

图 9-11　用"取色器"获取颜色值

9. 新建一个名为"得分"的变量，将"小球"角色上碰到挡板检测脚本（如图 9-12 所示）修改为如图 9-13 所示的脚本（红色虚线中的为增加内容）。修改后的脚本先将"得分"变量值设为 0，若挡板接住了小球，就将"得分"变量值增加 1；如果"得分"变量值等于 5，则选用"小球"角色的下一个造型，同时让"得分"变量值为 0，重新开始计数。

活动九 ▶ 挡球小游戏

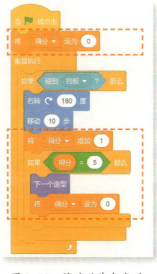

图 9-12　修改前脚本代码　　　图 9-13　修改后脚本代码

10. 单击动画舞台区上方的小绿旗，检验动画效果后，以"挡球小游戏.sb3"文件名保存在电脑上。

认真学习

1. 学一学新认识的积木（指令）

表 9-1　积木

| 积木（指令） | 名称 | 用　途 | 参　数 |
|---|---|---|---|
| 将 x 坐标设为 0 | 将 x 坐标设为 | 将当前角色的 x 坐标值直接设为指定值 | 有一个参数，用于指定设置值 |
| 将 y 坐标设为 0 | 将 y 坐标设为 | 将当前角色的 y 坐标值直接设为指定值 | 有一个参数，用于指定设置值 |
| 如果　那么 | 条件判断 | 如果条件成立，那么执行指令中间的指令块；如果条件不成立，那么就不执行 | 有一个参数，用于指定条件 |
| 碰到 鼠标指针▾ ？ | 是否碰到对象 | 检测当前角色是否碰到指定对象。如果碰到了，返回值为"真"；否则返回值为"假" | 有一个下拉列表参数，用于指定对象（对象包含"鼠标指针"或除本角色以外的其他角色名称） |
| 碰到颜色 ？ | 是否碰到颜色 | 检测当前角色是否碰到指定颜色。如果碰到了，返回值为"真"；否则返回值为"假" | 有一个颜色参数，用于指定颜色 |
| 鼠标的x坐标 | 鼠标的 x 坐标 | 获取鼠标当前的 x 坐标值 | 无 |
| 鼠标的y坐标 | 鼠标的 y 坐标 | 获取鼠标当前的 y 坐标值 | 无 |

2. 程序解读

从制作和运行《挡球小游戏》的过程中发现，该游戏有如下几个功能：

（1）玩家能控制挡板在水平方向移动；

（2）在动画舞台上小球能自由移动；

（3）小球碰到挡板的检测（继续游戏）和小球触及红线的检测（游戏失败）。

完整脚本（如图 9-14 所示），"挡板"角色上的一组脚本，将"挡板"角色的 x 坐标与鼠标的 x 坐标绑定在一起，能让"挡板"角色随鼠标在水平方向移动。

（思考如何实现挡板随鼠标在垂直方向移动。）

"小球"角色上有三组脚本，第一组功能是对"小球"角色初始化后，让小球不停地在舞台上沿指定方向移动，碰到边

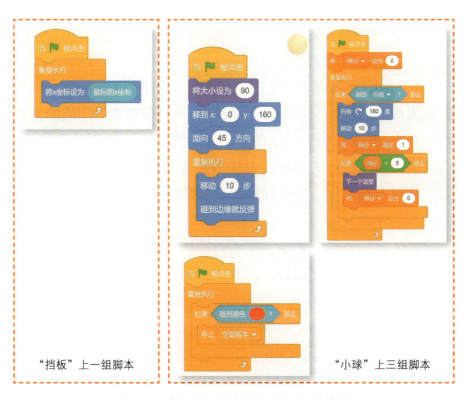

"挡板"上一组脚本　　　　　　　　"小球"上三组脚本

图 9-14 《挡球小游戏》挡板和小球全部脚本

活动九 ▶ 挡球小游戏

缘就反弹。第二组功能是不断检测"小球"角色是否碰到红色底线，碰到就游戏结束。

（思考：如果将第一组和第二组脚本合并，能否实现相同的功能？如何实现合并？）

第三组脚本功能是检测"挡板"角色是否接住了"小球"角色，接住让"小球"反弹，再判断如果接住了5次，就让"小球"角色切换到下一个造型，并让"得分"变量清零后，开始重新计数。

（思考：在前两组脚本合并的基础上，能否将这组脚本也合并在一起，同样实现原有游戏的功能？）

因为游戏中所有的脚本都是同时运行，所以都使用了"当绿旗被点击"积木开始。


### 3. Scratch3.0 中的侦测功能

Scratch3.0 提供了丰富的"侦测"类积木（指令），主要用于检测角色、舞台及系统状态等信息。用于角色的"侦测"类积木共有 18 个，包括检测位置关系、询问、检测键盘和鼠标、设置拖动模式、检测系统相关状态 5 种类型。用于背景的"侦测"类积木有 13 个，包括询问、检测键盘和鼠标、检测系统相关状态 3 种类型。

在《挡球小游戏》中使用了两种侦测方法：

（1）检测键盘和鼠标

在"挡板"角色脚本中的"鼠标的 x 坐标"，如图 9-15 所示，红色虚线中的内容，其功能是获取鼠标当前的 x 坐标值。将该数值返回给调用的积木（如图 9-16 所示）是这个侦测方法的另一种用法，功能与如图 9-15 所示的脚本完全相同。

图 9-15　鼠标侦测的使用　　　　图 9-16　鼠标侦测的另一种使用

（2）检测位置关系

在《挡球小游戏》中的"小球"角色上用了两种侦测方法：一是碰到颜色；二是碰到角色。这两种侦测返回的是逻辑值："真"或"假"，必须作为条件出现在判断积木中。

**拓展练习**

1. 是否是第一次玩自己制作的电脑小游戏？和小伙伴或家人分享自己的感想。

2. 通过电脑小游戏的学习和制作，对如何正确对待游戏以及合理玩游戏有什么新的认识？

**自我评价**

表 9-2　自我评价表

| 学习内容 | 达到预期 | 接近预期 | 有待提高 |
| --- | --- | --- | --- |
| 完成本次活动 | 独立完成 ☐ | 得到帮助完成 ☐ | 未完成 ☐ |
| 了解鼠标控制角色的方法 | 了解 ☐ | 部分了解 ☐ | 不了解 ☐ |
| 理解计数器工作原理 | 理解 ☐ | 部分理解 ☐ | 不理解 ☐ |

活动九 ▶ 挡球小游戏

（续表）

| 学习内容 | 达到预期 | | 接近预期 | | 有待提高 | |
|---|---|---|---|---|---|---|
| 理解本次活动中的两类侦测方法 | 理解 | ☐ | 部分理解 | ☐ | 不理解 | ☐ |
| 对玩游戏的意义有新的理解 | 理解 | ☐ | 有点理解 | ☐ | 不理解 | ☐ |
| 学习 Scratch 编程知识的热情 | 有 | ☐ | 还行 | ☐ | 没有 | ☐ |

挑战自己

1. 修改本活动中的脚本，使挡板在接到小球后发出"Muted Conga"音效（提示：先从系统的声音库中导入"Muted Conga"音效，在检测碰到挡板后增加播放声音脚本）。

2. 将小球上的三组脚本合并为一组，游戏功能不能改变，并对合并后的脚本用流程图表示。

3. 游戏运行几次后发现，小球移动的轨迹相同，这是因为其反弹方式使用了"反转180度"，按原路返回，为了增加游戏难度，通过对脚本的修改，让小球移动轨迹不可预测。

快乐学 Scratch

142

# 蜻蜓打蝙蝠

## 游戏

玩游戏既能丰富闲暇生活，也是一种情感宣泄，"蜻蜓打蝙蝠"游戏寓意以弱胜强、正义战胜邪恶的意义。蜻蜓打蝙蝠游戏通过玩家控制键盘使蜻蜓上下左右移动及发射子弹来射击随机飞行的蝙蝠，它是一种射击类游戏，属于动作类游戏。为了和一般动作游戏区分，只有强调利用"射击"途径方能完成目标的游戏才称为射击游戏。

## 活动分析

　　蜻蜓打蝙蝠游戏所需的元素均可从 Scratch3.0 角色库中获取，制作完成后的游戏画面如图 10-1 所示。整个游戏包括：

图 10-1　蜻蜓打蝙蝠游戏画面

快乐学
Scratch

1. 有玩家控制的蜻蜓（上下左右移动）。
2. 随机滑行的蝙蝠。
3. 按空格键连续发射子弹。
4. 累计得分（打掉蝙蝠）。
5. 控制游戏进度（用时间来控制）。
6. 蝙蝠碰到蜻蜓玩家失败，游戏结束。

**动手操作**

1. 进入 Scratch3.0 主界面，删除默认角色"小猫"，从系统角色库中导入"Dragonfly（蜻蜓）"，在角色面板中将其大小调整为 30。再从背景库中将"Blue Sky（篮天）"导入（如图 10-2 所示）。

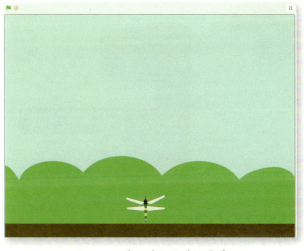

图 10-2　导入蜻蜓和蓝天背景

活动十 ▶ 蜻蜓打蝙蝠游戏

2. 给"Dragonfly"角色输入如图10-3所示的脚本代码以实现键盘控制蜻蜓上下左右移动效果。

3. 从系统角色库中导入"Ball"（小球）作为子弹，在角色面板中将其大小调整为20。

4. 为子弹（Ball角色）赋予如图10-4所示的两组脚本代码，使其能够（1）先隐藏（游戏开始时看不见子弹）；（2）按空格键使子弹移到"蜻蜓"角色，显示后向上飞行，子弹飞到舞台边缘时消失。

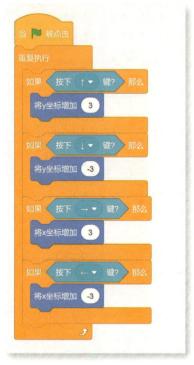

图10-3　用方向键控制蜻蜓上下左右移动

图10-4　先隐藏子弹，当按空格键再发射子弹

快乐学

Scratch

5. 从系统角色库中导入"Bat"（蝙蝠），在角色面板中将其大小调整为 40，输入如图 10-5 所示两组脚本代码，让蝙蝠呈飞行姿势在舞台上随机移动。

图 10-5　蝙蝠角色上的脚本代码

6. 在设计子弹击中蝙蝠的脚本代码时须考虑：（1）子弹击中蝙蝠后两者必须消失；（2）子弹和蝙蝠都是在运动的，须保证子弹击中蝙蝠（通过延时等待提高判断的准确性）。分别给子弹和蝙蝠增加一组脚本代码，如图 10-6 所示和如图 10-7 所示。蝙蝠角色在隐藏后等待 2 秒，再次出现在舞台上。

图 10-6　"Ball"角色（子弹）新增脚本代码

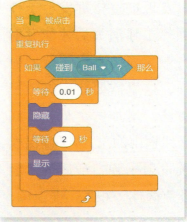

图 10-7　"Bat"角色（蝙蝠）新增脚本代码

7. 增加记分功能，打掉一只蝙蝠增加 1 分：新建一个"得分"全局变量，在蝙蝠角色的脚本代码中增加两个积木（红色虚线框内的积木），如图 10-8 所示。

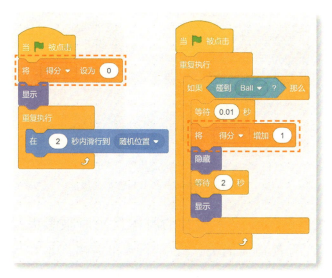

图 10-8　在蝙蝠角色上增加记分功能

8. 单击"绿旗"测试脚本，发现按空格键发射子弹后须等子弹消失后才能发射下一颗，如何实现连续发射子弹，这里需要使用克隆子弹方法，增加两个积木（红色虚线框内的），为了确保能连续发射子弹，最后的"删除此克隆体"积木不能遗漏，如图 10-9 所示。

### 小贴士

当按下空格键时，子弹本体会发射出去，同时还产生了一颗子弹克隆体，克隆体也继承了本体程序，当再次按空格键时，克隆体就会像本体一样发射出去，而同时又生成了一个克隆体待命，这样就可以源源不断地发射子弹。

快乐学 Scratch

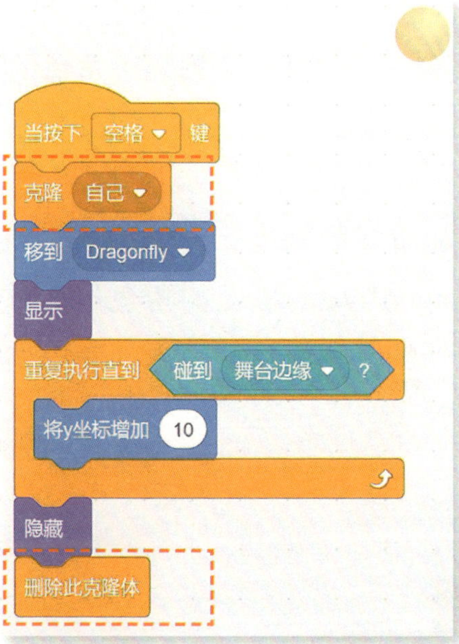

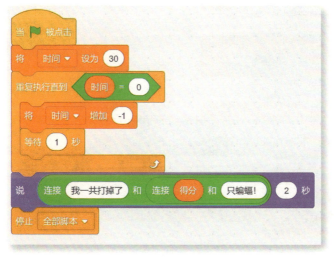

图 10-9 克隆子弹可以实现连续发射子弹

9. 在"Dragonfly"（蜻蜓）角色上增加一组如图 10-10 所示的脚本代码，控制整个游戏时间为 30 秒，时间到蜻蜓以单气泡图的方式显示文本告诉一共打掉了多少只蝙蝠，然后停止游戏。

图 10-10 增加一个时间控制器脚本

10. 在角色区的"Bat"（蝙蝠）角色上单击鼠标右键，选择"复制"命令，复制一个"Bat"（蝙蝠）角色的副本（Bat2），现在游戏画面中有两个蝙蝠。

11. 为了增加游戏的难度，设计蝙蝠碰到蜻蜓，游戏就结束，需要在"Dragonfly"（蜻蜓）角色脚本中增加判断功能，任意一只蝙蝠碰到蜻蜓，游戏就结束，要用如图 10-11 所示的红色虚线框内积木。

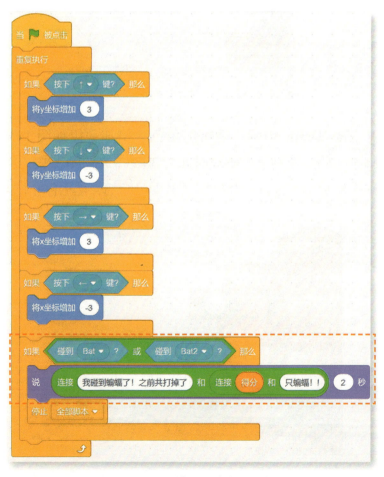

图 10-11　增加蜻蜓碰到蝙蝠的判断

快乐学
Scratch

12. 单击"绿旗"检测游戏效果，正确无误后，以"打蝙蝠 .sb3"文件名保存在指定位置。

1. 学一学新认识的积木（指令）

表 10-1　积木

| 积木（指令） | 名称 | 用　　途 | 参　　数 |
|---|---|---|---|
| 移到 随机位置 ▾ | 移到对象位置 | 将当前角色移到参数所指定的对象位置 | 本指令有一个下拉列表参数，用于指定对象 |
| 按下 空格 ▾ 键? | 是否按下指定按键 | 检测是否按下键盘上指定的按键。是返回值为"真"；否则返回值为"假" | 本指令有一个下拉列表参数，用于指定按键；列表内容是一些常用的键盘按键 |
| 将x坐标增加 10 | 将 x 坐标增加 | 将当前角色的 x 坐标值在原数值基础上增加指定值 | 有一个参数，用于指定增加值 |
| 将y坐标增加 10 | 将 y 坐标增加 | 将当前角色的 y 坐标值在原数值基础上增加指定值 | 有一个参数，用于指定增加值 |
| 在 1 秒内滑行到 随机位置 ▾ | 滑行到对象位置 | 将当前角色在指定时间内滑行到参数所指定的对象位置 | 本指令有两个参数。第一个参数用于指定时间；第二个是下拉列表参数，用于指定克隆对象 |
| 克隆 自己 ▾ | 克隆 | 克隆指定的角色 | 本指令有一个下拉列表参数，用于指定角色 |
| 删除此克隆体 | 删除此克隆体 | 删除当前的克隆体 | 无 |
| 连接 苹果 和 香蕉 | 连接 | 将两个字符串连接起来 | 本指令有两个参数，分别用于指定两个字符串 |

| 积木（指令） | 名称 | 用　　途 | 参　　数 |
|---|---|---|---|
| 或 | 或运算 | 求逻辑值。如果两个参数有一个参数逻辑值为"真"，那么结果为"真"；两个参数值都为"假"，则结果为"假" | 有两个参数，也就是需要进行逻辑运算的两个判断式 |
| 与 | 与 | 如果两个参数逻辑运算的结果都为"真"，那么返回值为"真"；否则返回值为"假" | 有两个参数，即需要进行逻辑运算的两个判断式 |
| 不成立 | 不成立 | 如果参数逻辑值为"假"，那么返回值为"真"；如果参数逻辑值为"真"，那么返回值为"假" | 有一个参数，即需要进行逻辑运算的布尔值 |

## 2. 识图读程序

先判断型循环（如图 10-12 所示）。

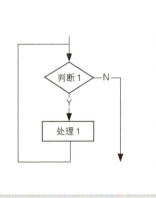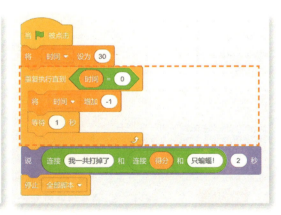

图 10-12　先判断型循环流程图及 Scratch 脚本

当"绿旗"被点击后，先执行给"时间"变量赋值 30，然后进入先判断型循环：如果"时间"变量为 0 则结束循环，否则将"时间"变量中的值减 1，等待 1 秒，再次循环，直到

"时间"变量值为 0 退出循环。继续执行后面的"说"以及"停止全部脚本"积木。

3. 逻辑运算与二进制数

（1）逻辑运算

在 Scratch3.0 中，逻辑运算是通过逻辑运算符来实现的。逻辑运算符是 Scratch 脚本设计的重要组成部分，它可以把多个条件进行连接，让脚本做出更为复杂的判断，从而让脚本具有更精准的选择和处理。Scratch3.0 提供了 3 种逻辑运算符，如表10-2 所示。

表 10-2　3 种逻辑运算符

| 积木名称 | 图符 | 功　　能 | 参　　数 |
|---|---|---|---|
| 与运算 | 与 | 当条件都成立时结果为"真"，否则结果为"假" | 两个判断式 |
| 或运算 | 或 | 有一个条件成立时结果为"真"，全部不成立则结果为"假" | 两个判断式 |
| 非运算 | 不成立 | 当条件不成立时结果值为"真"，否则结果值为"假" | 一个判断式 |

（2）二进制数

二进制就是用 0 和 1 两个数码来表示的数，表 10-3 为 10以内十进制数和二进制数对照。

表 10-3　10 以内的十进制和二进制数对照表

| 十进制 | 1 | 2 | 3 | 4 | 5 | 6 | 7 | 8 | 9 |
|---|---|---|---|---|---|---|---|---|---|
| 二进制 | 001 | 010 | 011 | 100 | 101 | 110 | 111 | 1000 | 1001 |

二进制的基数为 2，进位规则是"逢二进一"，借位规则是"借一当二"。当前计算机系统使用的基本上是二进制系统，计算机采用二进制的原因是：

第一，二进位计数制仅用两个数码，0 和 1。所以，任何具有两个不同稳定状态的元件都可用来表示数的某一位，如灯的"亮"和"灭"，开关的"开"和"关"，电压的"高"和"低"、"正"和"负"，纸带上的"有孔"和"无孔"，电路中的"有信号"和"无信号"，磁性材料的"正极"和"负极"等，利用这些截然不同的状态来代表数字，非常容易实现。

第二，二进位计数制的四则运算规则十分简单，而且四则运算最后都可归结为加法运算和移位，这样计算机中的运算器线路变得简单。

第三，在电子计算机中采用二进制表示数可以节省机器设备。

第四，二进制的符号"1"和"0"恰好与逻辑运算中的"真"和"假"对应，便于计算机进行逻辑运算。

## 拓展练习

1. 根据所学的知识及对流程图的理解，请为如图 10-13 所示的时间控制器脚本绘制流程图。

2. 活动十中的游戏时间到或碰到蝙蝠，则游戏结束，按空格键依然可以发射子弹，与小伙伴一起讨论如何修改脚本解决这个瑕疵。

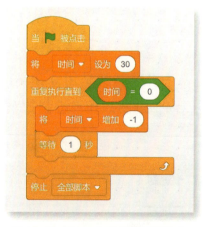

图 10-13　Scratch 时间控制器脚本

表 10-4　自我评价表

| 学习内容 | 达到预期 | | 接近预期 | | 有待提高 | |
| --- | --- | --- | --- | --- | --- | --- |
| 完成本次活动 | 独立完成 | ☐ | 得到帮助完成 | ☐ | 未完成 | ☐ |
| 本游戏六大功能的实现方法 | 了解 | ☐ | 部分了解 | ☐ | 不了解 | ☐ |
| 理解克隆工作原理 | 理解 | ☐ | 部分理解 | ☐ | 不理解 | ☐ |
| 开发类似游戏的方法 | 了解 | ☐ | 有点了解 | ☐ | 不了解 | ☐ |
| 喜欢 Scratch 编程软件 | 有 | ☐ | 还行 | ☐ | 没有 | ☐ |

挑战自己

1. 为了提高游戏的难度，和小伙伴一起讨论，对已完成的《蜻蜓打蝙蝠》游戏可以在哪几个方面进行修改？上机验证修改后的游戏脚本。

2. 增加蝙蝠数量是提高游戏难度的方法之一，为了让增加的蝙蝠具有杀伤力（碰到蜻蜓停止游戏），需要对脚本做哪些修改？

3. 修改脚本使游戏成为双人玩游戏（即两人通过键盘控制两只蜻蜓灭杀蝙蝠，并分别计分）。

# 打砖块

## 游戏

游戏运行后，玩者看到的是如图 11-1 所示的游戏封面（游戏名称、美化元素、开启游戏的方法、开发者信息）。按提示进入游戏主画面（如图 11-2 所示），挡板和小球被锁住不能移动，游戏自动生成砖墙后，根据提示按空格键后，开始打砖块游戏。砖块全部打完，出现如图 11-3 所示的画面，表示游戏获胜；挡板未能接住小球，出现如图 11-4 所示的画面，表示游戏失败。

图 11-1　游戏封面

图 11-2　游戏主画面

图 11-3　游戏获胜画面

图 11-4　游戏失败画面

　　这是一个较完整的游戏作品，整个游戏包括以下几个部分：

- 游戏封面（黑色背景，白色标题，黄色提示信息以及若干个小球做点缀），封面是以角色形式出现在游戏脚本中。
- 游戏主画面（一个画面背景，多排略带透明的不同色彩的砖块，一个白色的挡板和一个小球，有计时和剩余砖块数显示，为增加游戏效果而使用的音效）。
- 游戏结束画面（获胜后的画面及相应文字；失败后的画面及相应文字）。

## 动手操作

　　1. 游戏封面制作

　　（1）进入 Scratch3.0，删除原有的"Cat"角色，新建一个名为"封面"角色。

　　（2）进入"封面"角色造型编辑器，使用矩形工具绘制一个黑色背景，覆盖整个动画舞台。

　　（3）使用文本工具输入白色的游戏名称"打砖块游戏"和黄颜色的提示文字"点击鼠标开始游戏"，也可输入其他信息，如制作者姓名、制作年月等。

　　（4）导入"Ball"角色，在"Ball"角色和"封面"角色两个造型编辑器之间，用复制（Ctrl+C）/粘贴（Ctrl+V）方式将"Ball"角色中的造型复制到"封面"角色中（如图11-5所示），美化封面。

（5）给"封面"角色输入如图11-6所示的两组脚本代码，第一组作用是：确保游戏启动时，"封面"角色位于最前面居中显示，被锁定而不可拖动。

（6）第二组代码的作用是：确保点击鼠标时开始游戏，封面随之消失，同时广播一个"启动游戏"的消息，启动游戏后续的脚本。

图11-5 "封面"角色

图11-6 "封面"角色上两组代码

2. 游戏主画面制作

（1）绘制砖块及生成砖墙

① 新建一个名为"砖块"的角色。

② 在"砖块"角色造型编辑器中，使用矩形工具绘制一个彩色无边框大小为40×18的矩形，如图11-7所示。

③ 从系统声音库中导入Glass Breaking，创建"砖块开

活动十一 打砖块游戏

159

始 y 坐标""准备状态""剩余砖块数"3 个变量，然后在"砖块"角色上输入两组脚本（如图 11-8 所示），第一组作用是以克隆方式在屏幕上方生成 8 行 12 列共 96 块砖组成的砖墙。

④ 第二组作用是使每个克隆体被小球撞击后"剩余砖块数"变量中的值减 1，发出"Glass Breaking"声音效果，然后删除被撞击的克隆体。

图 11-7　制作 40×18 大小矩形砖块

图 11-8　"砖块"角色的两组脚本

（2）制作挡板及编写脚本

① 新建一个"挡板"的角色。

② 在"挡板"角色的造型编辑器中，用矩形工具绘制一个白色的矩形（如图11-9所示）。

③ 导入"Party"背景，创建"时间"变量，在"挡板"角色上输入三组脚本（如图11-10所示），第一组作用是当接收

图11-9  绘制挡板角色

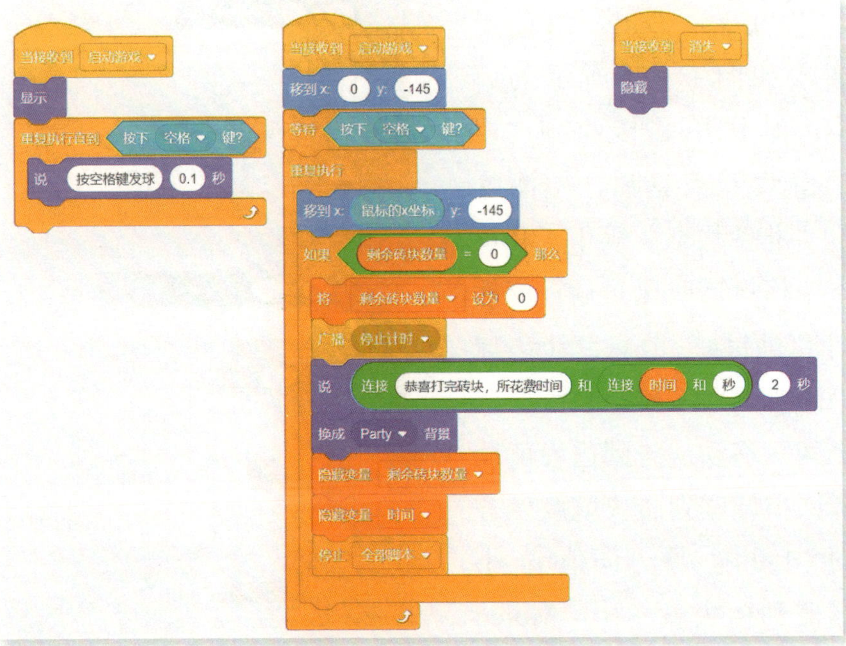

图11-10  挡板角色的三组代码

活动十一 ▶ 打砖块游戏

到"启动游戏"信息后，让挡板可见，一直显示信息："按空格键发球！"，直到按下空格键信息消失，开始游戏。

④ 第二组的作用是检测到空格键被按下后，一直执行：挡板随鼠标移动，如果变量"剩余砖块数"为零，则游戏结束，广播"停止计时"消息，切换到"Party"背景，隐藏"剩余砖块数"和"时间"变量，广播"消失"消息并隐藏本角色，停止所有脚本运行。

⑤ 第三组的作用是：当接收到"消失"广播消息时，隐藏本角色。

（3）为小球编写脚本

① 导入声音库中的"Muted Conga"，导入背景库中的"Winter"。

② 在"Ball"角色上输入如图 11-11 所示的脚本，其作用是接收到"启动游戏"消息后，检测变量"准备状态"等于 1 和按下空格键同时满足后，广播"计时启动"消息，让小球沿随机方向（-70 度到 70 度之间）移动，碰到边界就反弹，小球碰到砖块就改变方向（180 度-原方向值）；小球碰到挡板就发出"Muted Conga"音效，并按随机方

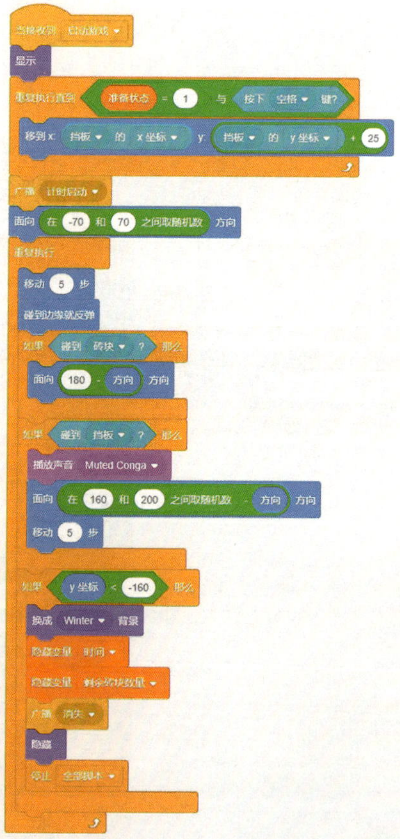

图 11-11 小球角色代码

快乐学 Scratch

向值反弹；如果小球到 y 坐标小于-160 度（挡板没接住小球），切换到"Winter"背景，隐藏"剩余砖块数"和"时间"变量，广播"消失"消息并隐藏本角色，然后结束游戏（停止全部脚本）。

（4）游戏配置

① 对游戏中的数据存储、变量设置进行独立配置，便于快速查找，方便修改。本例中采用的是对空角色（角色中没有任何造型）进行游戏参数配置。

② 从背景库中导入"Neon Tunnel"背景，从声音库中导入"Dance Energetic"。

③ 新建一个名为"配置"角色，输入如图 11-12 所示的四组脚本。

④ 第一组作用是赋予"剩余砖块数"变量初值为 96，赋予"时间"变量初值为 0，隐藏上述两个变量，赋予"准备状态"变量初值为 0，设定"Neon Tunnel"为游戏背景。

⑤ 第二组作用是当接收到"启动游戏"消息后，将"剩余砖块数"和"时间"变量设为显示状态，将音量设为 50%（降低一半），重复播放"Dance Energetic"音效。

⑥ 第三组作用是当接收到"计时启动"消息后，开始

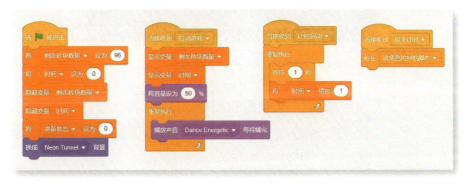

图 11-12 "配置"角色脚本代码

计时。

⑦ 第四组作用是当接收到"停止计时"消息后，停止"配置"角色上的其他脚本。

3. 游戏结束画面制作

在《打砖块》游戏中有两个结束画面，一是打完 96 块砖后获胜画面及文字。二是挡板未能接住小球游戏失败画面及文字。

（1）获胜后游戏结束画面的制作

选择"背景"标签进入背景造型编辑器，在背景造型列表中，选中"Party"背景，使用文本工具在背景图上输入："你赢了!"，调整文字颜色、大小及位置（如图 11-13 所示）。

图 11-13　游戏获胜画面

（2）失误后游戏结束画面的制作

选择"背景"标签进入背景造型编辑器，在背景造型列表中，选中"Winter"背景，使用文本工具输入："继续努力!"，调整文字颜色、大小及位置（如图 11-14 所示）。

图 11-14　游戏失败画面

### 1. Scratch3.0 背景编辑器（如图 11-15 所示）

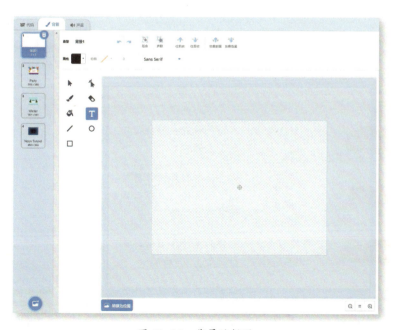

图 11-15　背景编辑器

Scratch3.0中的背景编辑器主要用于修改背景画面，其中的工具使用方法及功能与造型编辑器相同。

## 2. 学一学新认识的积木（指令）

表11-1　积木

| 积木（指令） | 名称 | 用　　途 | 参　　数 |
|---|---|---|---|
| 方向 | 方向 | 获取当前角色在舞台上的方向值 | 无 |
| 将 颜色 特效增加 25 | 将特效增加 | 将当前角色的特效值在原数值基础上增加指定值 | 有两个参数，第一个是下拉列表参数，用于指定特效类型，第二个参数用于指定增加值（特效类型包括颜色、鱼眼、旋涡、像素化、马赛克、亮度、虚像） |
| 将 颜色 特效设定为 0 | 将特效设定为 | 将当前角色的特效值直接设为指定值 | 有两个参数，第一个是下拉列表参数，用于指定特效类型，第二个参数用于指定设置值（特效类型包括颜色、鱼眼、旋涡、像素化、马赛克、亮度、虚像） |
| 当角色被点击 | 当角色被点击 | 当角色被点击时执行指令下方的脚本 | 无 |
| 等待 | 等待条件成立 | 停止执行程序，等待所指定的条件成立以后再继续执行程序 | 有一个参数，用于指定条件 |
| 当作为克隆体启动时 | 当作为克隆体启动时 | 当作为克隆体启动时执行指令下方的脚本 | 无 |
| 将拖动模式设为 可拖动 | 将拖动模式设为 | 设置当前角色在程序运行过程中是否可以用鼠标拖动 | 有一个下拉列表参数，用于指定角色是"可拖动"还是"不可拖动" |

| 积木（指令） | 名称 | 用　　途 | 参　　数 |
|---|---|---|---|
| 在 1 和 10 之间取随机数 | 取随机数 | 在两个数之间随机取一个数 | 有两个参数，用于设置所取随机数的范围 |
| 显示变量 我的变量 ▼ | 显示变量 | 在舞台上显示指定变量 | 有一个下拉列表参数，用于指定变量（变量包含"我的变量"及其他新建的变量名称） |
| 隐藏变量 我的变量 ▼ | 隐藏变量 | 隐藏舞台上的指定变量 | 有一个下拉列表参数，用于指定变量（变量包含"我的变量"以及其他新建的变量名称） |

### 3. 程序解读

（1）游戏封面（如图 11-16 所示）

图 11-16　游戏封面程序

解读：当"绿旗"被点击后，封面角色设为"不可拖动"，位居屏幕中心，移到最前面显示。

当封面角色被点击后，广播"启动游戏"信息，并隐藏本角色。这是用角色制作项目封面的通用脚本设计方法。

（2）砖块阵列形成（如图11-17所示）

解读：这是一个先行后列制作砖块阵列的方法，先确定第一行y坐标位置为120，开始外部循环，外循环的内容是：重复执行8次（砖块阵列8行），移动到每行第一块砖的开始位置（x坐标值固定为-220，y坐标为变量"砖块开始y坐标"），内部循环开始：重复执行12次（每行12块砖），以克隆方式复制砖块后，向右移动40 mm（一块砖的长度），通过改变颜色和虚像值形成彩色砖块阵列，内部循环结束。将变量"砖块开始y坐标"值减去18 mm，成为砖块下一行的开始位置，再次执行内部循环，直到外部循环结束。

如果要生成倒三角形的排列形式，则要考虑每行不仅y坐标值发生改变，x坐标值也将发生改变。

图11-17　砖块阵列形成

## 拓展练习

1. 游戏是少年儿童喜闻乐见的一种娱乐形式，作为益智类游戏应该具备哪些元素？

2. 如果你准备在 Scratch 中制作一款益智类游戏，游戏的封面会包含哪些元素？游戏主画面内容是什么？是如何实现人机互动的？游戏的结束画面又将如何设计？

## 自我评价

表 11-2　自我评价表

| 学习内容 | 达到预期 | 接近预期 | 有待提高 |
|---|---|---|---|
| 完成本次活动 | 独立完成 ☐ | 需要帮助 ☐ | 未完成 ☐ |
| 理解游戏封面、主画面、结束画面构成原理 | 理解 ☐ | 部分理解 ☐ | 不理解 ☐ |
| 理解画砖块阵列算法中行、列数及 x、y 坐标的作用 | 理解 ☐ | 部分理解 ☐ | 不理解 ☐ |
| 能用广播的方式调用其他程序 | 能够 ☐ | 需要帮助 ☐ | 不能够 ☐ |
| 有节制玩益智类游戏 | 偶尔玩但不影响学习 ☐ | 经常玩对学习影响有限 ☐ | 无节制玩影响了学习 ☐ |
| 能在原程序上对游戏进行修改 | 能够 ☐ | 需要帮助 ☐ | 不能够 ☐ |
| 能制作自己的小游戏 | 能够 ☐ | 需要帮助 ☐ | 不能够 ☐ |

## 挑战自己

1. 如果将打砖块游戏改为打气球（使用角色库中的"balloon1"），该如何修改？（如图 11-18 所示）

169

2. 在理解堆砖块阵列算法的基础上，能否将气球阵列改为倒三角形状？（如图 11-19 所示）

图 11-18　打气球画面

图 11-19　倒三角形气球阵列

# 歇后语

# 猜一猜

中华文化源远流长，凝练了丰富语言艺术，歇后语作为汉语的一种特殊语言形式，以短小而风趣形象的语句，给人以深思和启迪。歇后语由前后两部分组成：前一部分起"引子"作用，像谜面；后一部分起"后衬"作用，像谜底。在日常生活中，通常说出前半截，"歇"去后半截，熟知的人就能领会出它的本意，所以称为歇后语。

通过本活动的学习，让你学会设计一个《歇后语猜一猜》的小游戏，收集一些耳熟能详的歇后语，并做成问答小游戏，在了解歇后语的同时，享受快乐。

## 活动分析

游戏由三个场景组成：

场景一：游戏的初始界面，背景是一块黑板，黑板下方显示有"第一届歇后语大赛"的字样和开始游戏的按钮（如图 12-1 所示），点击绿旗后，左侧的小猫说出游戏规则。

图 12-1　游戏的初始界面

快乐学

Scratch

场景二：游戏界面（如图 12-2 所示），黑板上出现经典歇后语的前半截，并伴有"谜面"的朗读声。下方出现3 个选项，玩家单击其中一个，答对就能接上歇后语，答错先提示答案错误，再给出正确的答案。

图 12-2　游戏界面

场景三：游戏结束界面。当答完全部题目后，小猫会以说的方式告知，共答对了多少道题（如图 12-3 所示）。

图 12-3　游戏的结束界面

1. 制作游戏初始界面

（1）导入"Chalkboard"背景。

（2）新建"标题"角色，用文本工具输入"第一届歇后语大赛"，放置在背景中"黑板"的右下方。

（3）将小猫角色移动到左下方。

（4）导入"button2"角色，使用橙色的第二个造型，并用文本工具在上面加上"开始"黑色字样（如图12-4所示）。

图12-4 制作游戏初始界面

2. 制作游戏界面

（1）新建"歇后语"角色，使用文本工具输入"芝麻开花"白色文字，将该造型改名为"芝麻开花"。在该造型上单击鼠标右键，选择"复制"命令，选中复制出的新造型，将其改名为"泥菩萨过江"，然后选用文本工具将造型编辑器中复制生成的"芝麻开花"改为"泥菩萨过河"。用上述办法按顺序创建8个造型，分别是"八仙过海""十五只吊桶""过街老鼠""竹篮打水""狗咬耗子""小葱拌豆腐""吃了秤砣""姜太公钓鱼"（如图12-5所示）。

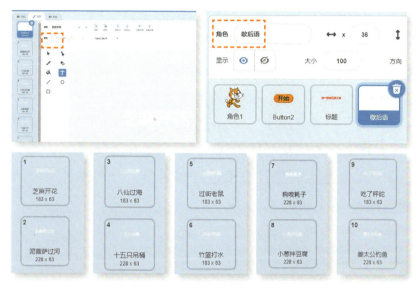

图 12-5　角色的 10 个造型制作"歇后语"

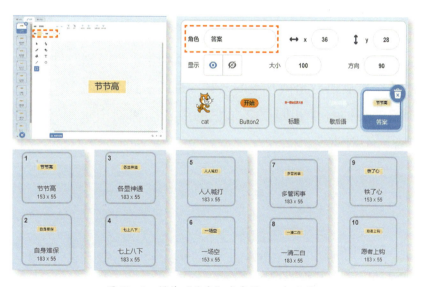

图 12-6　制作"答案"角色的 10 个造型

图 12-7　复制"答案"角色
两个副本"回答
1"和"回答 2"

（2）新建"答案"角色，使用矩形工具绘制一个长方形，再用文本工具在长方形上输入"节节高"，修改造型名为"节节高"。用制作"歇后语"角色相同的方法，按顺序修改生成后续的九个造型："自身难保""各显神通""七上八下""人人喊打""一场空""多管闲事""一清二白""铁了心""愿者上钩"。注意答案和歇后语须按顺序对应（如图 12-6 所示）。

（3）在角色区内将答案角色复制两个，分别改名为"回答 1"和"回答 2"（如图 12-7 所示）。

### 3．录制语音

（1）选中"歇后语"角色，进入声音编辑器，单击左下方"录制"，按照顺序录制 10 个歇后语前半截的语音，分别用一到十命名 10 个声音。

（2）在"答案"角色的声音编辑器中单击"录制"，按照顺序录制 10 个歇后语后半截答案的语音，也用一到十命名 10 个声音。

（3）在回答 1 和回答 2 角色的声音编辑器中录制答题错误的语音"不对哦"。

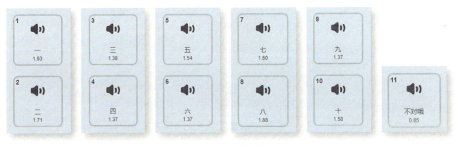

图 12-8　录制语音命名示例

### 4．创建变量及列表

游戏中用到如下几个变量和列表：

"答对题数"变量用于记录玩家答案的题目数量。

"题号"变量用于设置当前是第几道题。

"题目"变量用于随机选取一道歇后语试题。

"回答"和"回答2"变量用于2个错误答案。

"位置"用于决定3个选项的随机位置。

"题目"列表用于记录出过的题目，避免反复出题。

图 12-9　创建变量和列表

5. 编写脚本

（1）游戏初始界面脚本

小猫角色脚本代码：说出游戏规则。

图 12-10　"小猫"角色初始界面的脚本代码

"标题"角色脚本代码：在游戏初始界面显示，在开始游戏之后隐藏，并给它一个逐渐变透明后消失的特效。

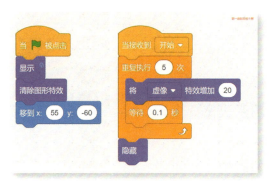

图 12-11　"标题"角色的脚本代码

　　"button 2"角色脚本代码：该角色在初始界面有一个缓慢变大变小的特效，吸引玩家去点击它，点击后播放"pop"音效再隐藏。

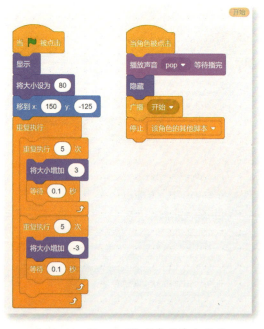

图 12-12　"button 2"角色的脚本代码

"歇后语""答案""回答1"和"回答2"角色脚本代码：
4个角色在初始界面都先隐藏，歇后语角色要设定初始位置。
答案角色中加入将变量"答对题数"设为0的命令。

图 12-13 "歇后语""答案""回答1"和"回答2"角色的初始界面脚本代码

（2）游戏界面脚本

"小猫"角色脚本代码：在每一题前报出题号，广播通知出题。

图 12-14 "小猫"角色的游戏界面脚本代码

"歇后语"角色脚本代码：在游戏界面要根据随机的题目
换成对应的造型，播放题目语音。

图 12-15　"歇后语"角色的游戏界面脚本代码

　　"答案"角色脚本代码：要根据题目换成对应的答案造型，并且随机一个位置显示，若被点击，则答对题数加 1。

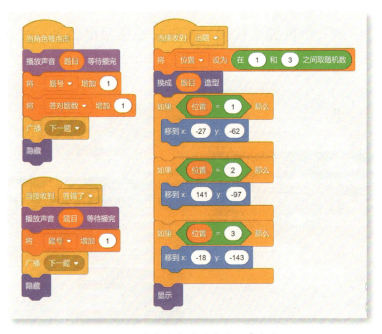

图 12-16　答案角色的游戏界面脚本代码

　　"回答 1""回答 2"角色脚本代码："回答 1"角色随机出现前 5 个造型中的一个，"回答 2"角色随机出现后 5 个造型中的一个，都不能和答案重复，随机位置不同，避免互相遮挡。若被点击，则播放回答错误的语音。

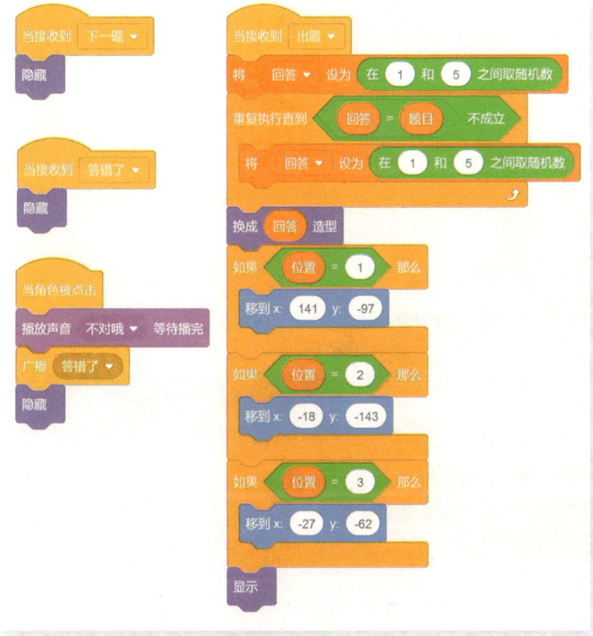

图 12-17 "回答 1" 角色的游戏界面脚本代码

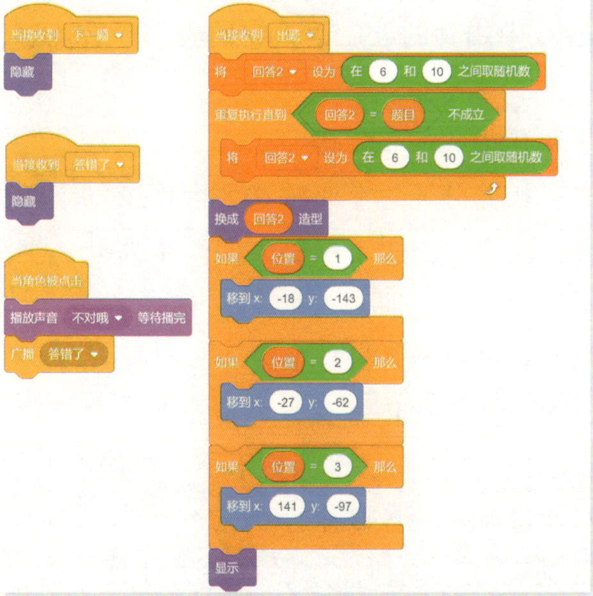

图 12-18 "回答 2" 角色的游戏界面脚本代码

（3）游戏结束界面脚本

"小猫"角色脚本代码：在游戏结束时报出玩家共答对了几题。

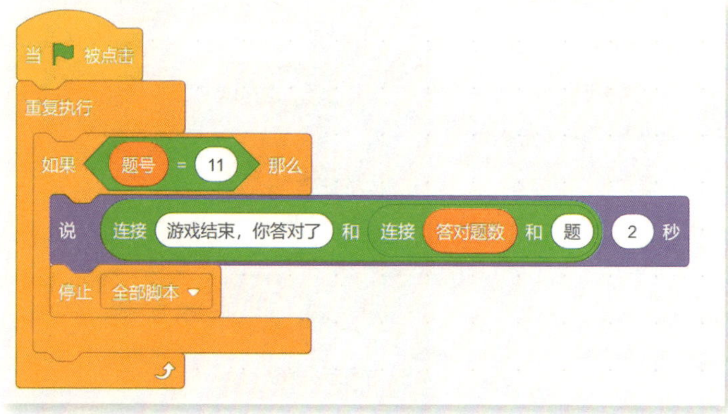

图12-19 "小猫"角色的游戏结束界面脚本代码

## 认真学习

1. 在游戏中用到的歇后语，它们表示什么意思，又有哪些寓意？

（1）芝麻开花——节节高

芝麻的生长养分通过茎来输送，因而植物下端的花会先于上端的开放。该歇后语用于形容人们步步高升、生活越过越好之意。

（2）泥菩萨过河——自身难保

迷信认为菩萨能保佑平安，可是泥塑的泥菩萨在水中会被浸坏。该歇后语寓意连自己都保护不了，更谈不上救别人了。

（3）八仙过海——各显神通

传说吕洞宾等八位神仙途经东海去仙岛，遇见巨浪汹涌，吕洞宾提议各自将宝物投入海里，以便过海。于是铁拐李把拐杖投到水里，自己立在水面过海；蓝采和以花篮击水而渡；韩湘子、吕洞宾、张果老、汉钟离、曹国舅、何仙姑也分别把自己的箫、拍板、纸驴、鼓、玉版、竹罩投到海里，站在上面逐浪而过。歇后语用来比喻那些依靠自己的特别努力而创造奇迹的事。

（4）十五只吊桶——七上八下

挑水的竹竿上挂着十五只吊桶从井里提水，七个上来，八个下去，往来不定。比喻一个人的心情非常忐忑不安。

（5）过街老鼠——人人喊打

老鼠偷吃粮食，危害人类的健康和财产，一般都被人们所憎恶，所以见到老鼠就人人喊打。歇后语比喻害人的东西，大家都非常痛恨。

（6）竹篮打水——一场空

用竹篮去打水，水都从缝隙中流走了，用了力气却没打到水。歇后语比喻白费力气，没有效果，劳而无功，侧重于用的方法不正确。

（7）狗咬耗子——多管闲事

捕食耗子是猫的事。本义指狗咬耗子，多管了与自己不相干的事。歇后语用来斥责人管了不该管的事。

（8）小葱拌豆腐——一清二白

葱是绿的，豆腐是白的，两者拌一起是一清二白。歇后语意思为看得清，弄得明。

（9）吃了秤砣——铁了心

秤砣由铁制成，吞入腹内像长了一颗铁心。歇后语形容某人一旦下定决心绝不会改变主意。

（10）姜太公钓鱼——愿者上钩

姜太公在渭河边钓鱼，他钓鱼的方式很特别，钓竿很短，钓线只有3尺长，钓钩是直的，而且不放鱼饵，人们讥笑他，他说"愿者上钩"。歇后语用"姜太公钓鱼，愿者上钩"比喻甘愿去做可能吃亏上当的事。

## 2. 学一学新认识的积木（指令）

表 12-1　积木

| 积木（指令） | 名称 | 用　途 | 参　数 |
|---|---|---|---|
| 将大小增加 10 | 将大小增加 | 将当前角色的大小在原数值基础上增加指定值 | 有一个参数，用于指定增加值 |
| 清除图形特效 | 清除图形特效 | 清除之前设置的所有图形特效，恢复原始状态 | 无 |
| 列表 | 列表名 | 获取相应列表所有的数据（列表新建完成后，会在指令区自动添加该列表的列表名指令） | 无 |
| 将 东西 加入 列表 ▼ | 将数据加入列表 | 将数据添加到指定列表的末尾 | 有两个参数。第一个参数是需要添加到列表中的数据；第二个下拉列表参数用于指定列表（列表包含所有列表的名称） |
| 删除 列表 ▼ 的全部项目 | 删除列表全部数据 | 将指定列表的所有数据都删除 | 有一个下拉列表参数，用于指定需要删除的列表（列表包含所有列表的名称） |
| 列表 ▼ 包含 东西 ？ | 列表是否包含指定数据 | 如果在指定列表中包含指定的数据，那么返回值为"真"，否则为"假" | 有两个参数。第一个下拉列表参数用于指定列表，第二个参数用于指定数据（列表包含所有列表的名称） |

## 3. 程序解读

（1）如何避免反复出题？

快乐学 Scratch

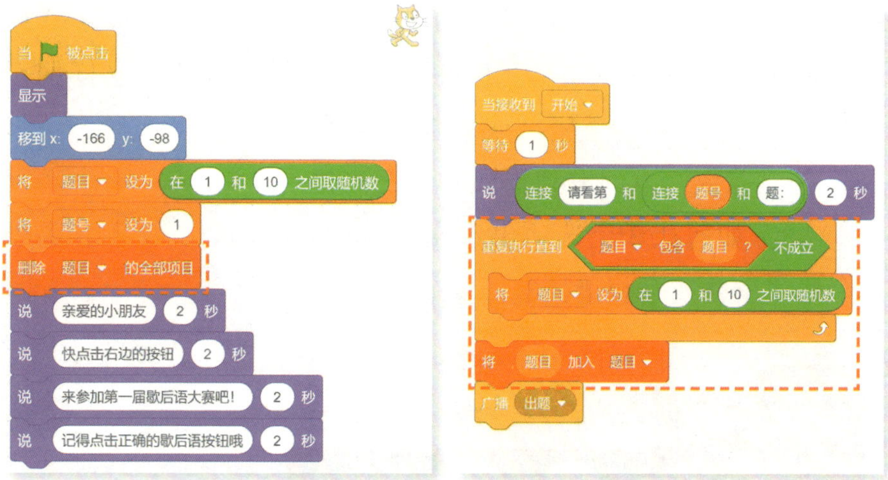

图 12-20　出题的脚本代码

利用"题目"列表，游戏开始随机选择题目并清空列表，如果发现该题目已经存在于列表中，说明已经出过这道题，此时就要再次随机取数，直到与列表中的题目都不相同才能停下。每次出题后都要将题目加入列表中记录。

（2）如何保证答案一定会出现在选项中同时还有两个不同的"迷惑"答案？

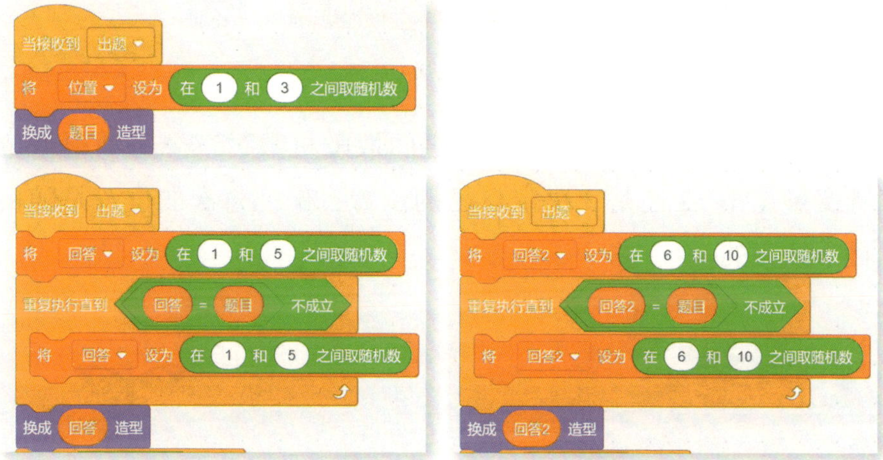

图 12-21　答案与回答 1、2 的脚本代码

"答案"角色直接换成题目造型，"回答"角色在 1—5 中随机取数，而"回答 2"角色在 6—10 中随机取数，这样两个"迷惑"角色间不会重复。如果判断发现与题目本身重复了，就再次随机取数，直到取到不同的答案再显示出来。

（3）如何让 3 个选项出现在随机位置的同时，又不和另外 2 个选项重叠或互相遮挡？

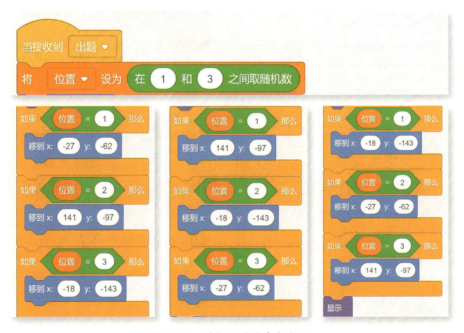

图 12-22  随机位置的脚本代码

利用位置变量，在 1 和 3 之间取随机数，三个选项根据位置变量是 1、2 还是 3 决定自己的位置，保证每次的位置是随机且不冲突的。

拓展练习

1. 在本次活动中，一共学了 10 个有趣的歇后语，你们也可以去寻找其他歇后语与故事，继续加入游戏中。

2. 给游戏配音，让游戏效果更丰富。

## 自我评价

表12-2　自我评价表

| 学习内容 | 达到预期 | 接近预期 | 有待提高 |
|---|---|---|---|
| 完成本次活动 | 独立完成 ☐ | 得到帮助完成 ☐ | 未完成 ☐ |
| 理解本次活动中如何随机出题的原理 | 理解 ☐ | 部分理解 ☐ | 不理解 ☐ |
| 理解本次活动中实现随机位置的方式 | 理解 ☐ | 部分理解 ☐ | 不理解 ☐ |
| 掌握录制声音的方法 | 掌握 ☐ | 部分掌握 ☐ | 不掌握 ☐ |
| 对歇后语有更深层次了解 | 理解 ☐ | 有点理解 ☐ | 不理解 ☐ |
| 引起对中华文化的探索兴趣 | 有 ☐ | 还行 ☐ | 没有 ☐ |
| 学习 Scratch 编程知识热情有所提高 | 有 ☐ | 还行 ☐ | 没有 ☐ |

## 挑战自己

1. 在本次活动中，"小猫"角色在最后会报出玩家共答对了多少道题，能否添加程序同时告知答错了多少道题？增加积分机制，告诉玩家得了多少分？

2. 除了歇后语，中国还有很多非常有趣、特别的传统文化，想一想，也设计一个小游戏。比如，用脍炙人口的成语故事，能否做一个看图猜成语的小游戏？

# 小区无人

# 送货系统

随着科技的进步，人工智能技术已经开始影响生活，从无所不知的智慧老师，到使命必达的无人机送货实现，再到影响人类生活的智能医疗、智能交通、智能家居、智能金融和智能客服的不断完善，给人们的生活带来了极大的便利，为人们的学习提供了巨大的帮助。

我们居住的小区树木葱郁，环境优美，幢幢高楼，鳞次栉比，整洁小道，隐而复见，断而再连，串联万家。每日清晨勤劳的送奶工，在第一时间将新鲜的牛奶送到订户的早餐桌上，为上学的学童赋予成长的能量。

通过本活动的学习，让你学会制作一个模拟《小区无人送货系统》，根据居民楼订货信息设置侦测点，利用巡线小车实现无人驾驶，根据侦测点停车送货，由起点出发到达终点完成小区的送货任务。

## 活动分析

《小区无人送货系统》共有 3 个场景：

场景一是主页面，页面上内容是项目名称、项目介绍、项目使用说明，如图 13-1 所示。

图 13-1 《无人送货系统》项目主页面

　　场景二是模拟小区无人送货动画页面。页面上的"居民楼"和"侦测点"分布由代码实现，送货路线、起点和终点在背景中绘制。"开始按钮"在背景上方，"送奶巡线车"在起点位置，如图 13-2 所示。

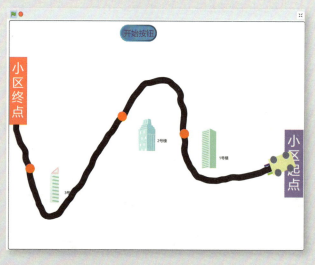

图 13-2　模拟小区无人送货的页面

场景三是完成小区送货后页面，通过"送奶车"角色说出如下信息：智能小区共送货3件，用时24秒，如图13-3所示。

图13-3 《无人送货系统》结束页面

**动手操作**

　　1. 设计制作三个场景页面和相关角色

　　（1）进入 Scratch3.0，从背景库中导入 Night City、Colorful City，保留原有的背景1，在背景造型编辑器中，按图13-4所示的顺序排列3个背景，把3个背景的造型名依次改为主页面、送货页面、结束页面。

图 13-4　背景造型顺序以及名称修改

（2）制作主页面。在"主页面"背景造型编辑器中，用"文本"工具添加项目名称、介绍及使用说明等信息，如图 13-5所示。

图 13-5　在"主页面"背景编辑器中添加项目名称、介绍和说明

（3）制作模拟送货页面和相关角色。

① 在"送货页面"背景造型编辑器中，用"矩形"工具在右侧绘制一个紫色无边框矩形。用"文本"工具在紫色矩形内输入文字"小区起点"。用相同方法在左侧制作小区终点。使用"画笔"工具，粗细设为20，绘制一条小车行驶的黑色道路，从起点开始途经各居民楼再至终点，如图13-6所示。

**小贴士**

小车通过侦测黑色路面沿线行驶，为了提高侦测的有效性，绘制的道路弯道处弧度尽可能大，直线道路更容易被侦测。若调试脚本时发现小车未能沿道路行驶，重新绘制更容易侦测的路线是一种解决方法。

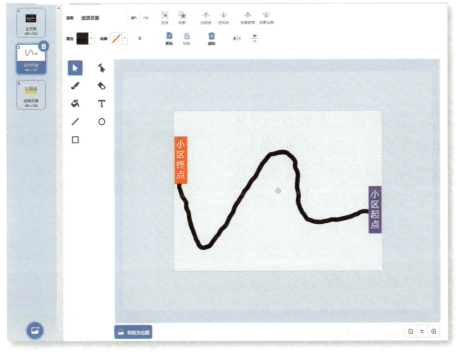

图 13-6　在"送货"背景编辑器中添加起点、终点和送货路线

② 制作"开始按钮"。删除小猫角色。从角色库中导入 Button2 角色，将其改名为"开始按钮"。在"开始按钮"角色造型编辑器中，用"文本"工具在 button2-a 中添加"开始按钮"四字，如图 13-7 所示。

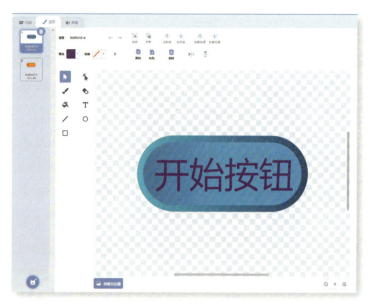

图 13-7 为 button2-a 造型添加文本"开始按钮"

③ 制作"居民楼"。从角色库中导入 Buildings 角色，改名为"居民楼"。在该角色造型编辑器中挑选 3 栋大楼造型，删除多余的造型，如图 13-8 所示。使用"文本"工具为 3 幢居民楼造型分别添加"1 号楼""2 号楼""3 号楼"标识，可参考如图 13-9 所示的 1 号楼标识。

图 13-8 将"居民楼"在造型编辑器中选择 3 个造型保留

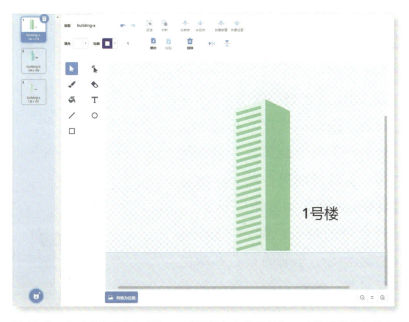

图 13-9 为"居民楼"building-a 造型添加 1 号楼标识,其他造型依次添加

④ 制作"侦测点"。新建一个名为"侦测点"角色。进入角色造型编辑器,使用"圆"工具画圆,如图 13-10 所示。单

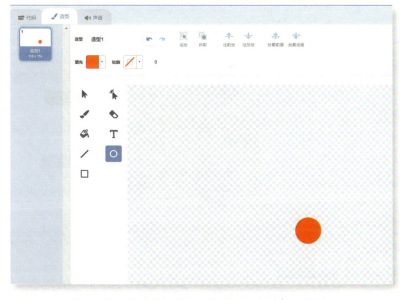

图 13-10 将"侦测点"用圆工具绘制橙色无框的圆

击"选择一个造型/绘制"，为"侦测点"角色增加一个空白的造型，如图 13-11 所示。

⑤ 制作"送奶巡线车"。新建一个名为"送奶巡线车"角色。使用"矩形"工具绘制黄色车身，使用"圆"工具绘制黑色轮子，然后通过复制/粘贴制作另外三个轮子，拖动到合适的位置，使用"矩形"工具绘制巡线小车前的蓝色和绿色两条探测器。绘制后的巡线车如图 13-12 所示。

图 13-11　将"侦测点"增加一个空白的造型 2

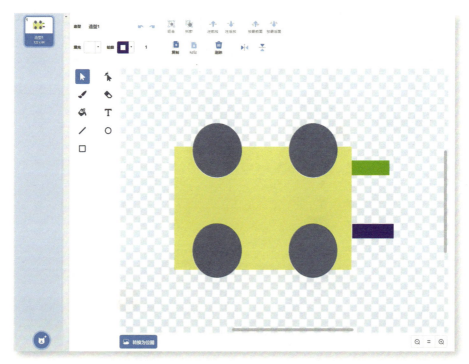

图 13-12　在角色造型编辑器中绘制的"送奶巡线车"

快乐学

Scratch

确保"送奶巡线车"两侧的探测器正好位于路线两侧，如图 13-13 所示。

图 13-13 "送奶巡线车"探测器正好
位于路线两侧

（4）制作结束页面相关角色。

从角色库导入 Food Truck，改名为"送奶车"。

2. 为主页面设置脚本代码

主页面背景上的脚本代码如图 13-14 所示。

图 13-14 主页面背景上的脚本

3. 为模拟送货页面设置脚本代码

（1）为"侦测点"角色编写脚本。需要新建两个变量：侦测点位置列表第 n 项、状态列表第 m 项（选仅适用于当前角色，即私有变量）。需要建立 3 个列表：侦测点状态、侦测点 x 位置、侦测点 y 位置。3 个侦测点设置在居民楼附件直线道路上，使小车能实现有效侦测而停车送货，如图 13-15 所示。完整代码，如图 13-16 所示。

根据大楼位置及小区道路来设定"侦测点 x 位置"和"侦测点 y 位置"列表中的数值，让"侦测点"出现在小区道路上能被侦测到。

根据"侦测点状态"列表中的值决定该"侦测点"是显现（使用造型 1）还是不显现（使用造型 2）。

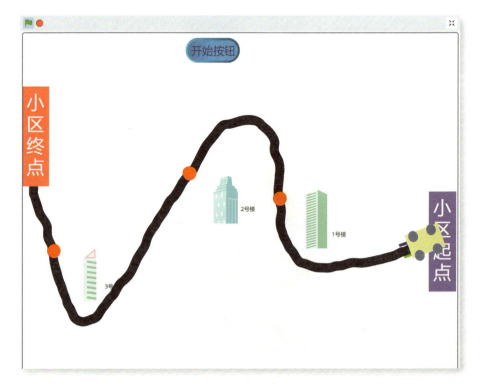

图 13-15　将"侦测点位置"设置在直线道路上便于侦测

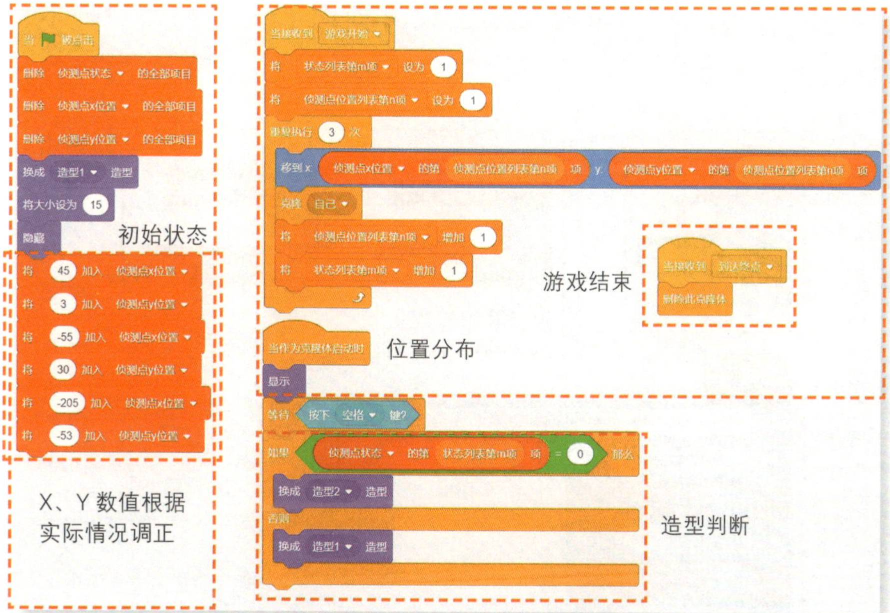

图 13-16 "侦测点"代码包括初始状态、位置分布、造型判断和游戏结束

（2）为"居民楼"角色设置脚本。新建变量：居民楼位置列表第 n 项，输入如图 13-17 所示的 4 组脚本。

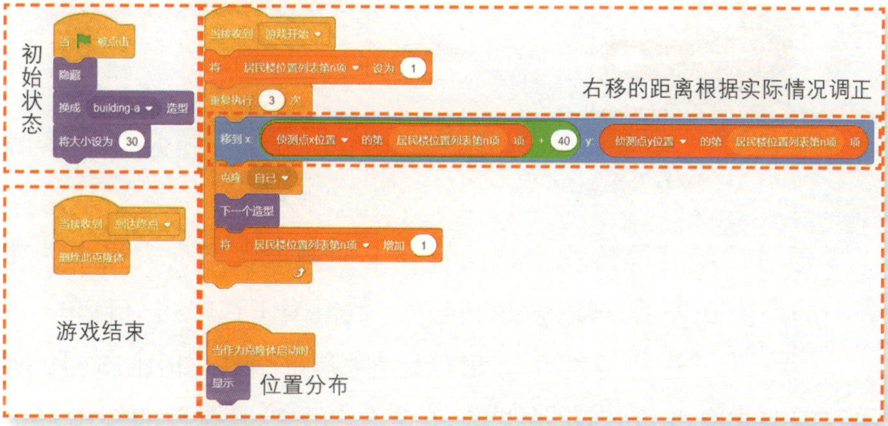

图 13-17 "居民楼"代码包括初始状态、位置分布和游戏结束

将三栋"居民楼"造型分布在"侦测点"右侧，让每个"居民楼"造型的 x 位置等于侦测点 x 位置加 50。

（3）为"开始按钮"角色设置如图 13-18 所示的脚本代码，需提前建立变量：时间。

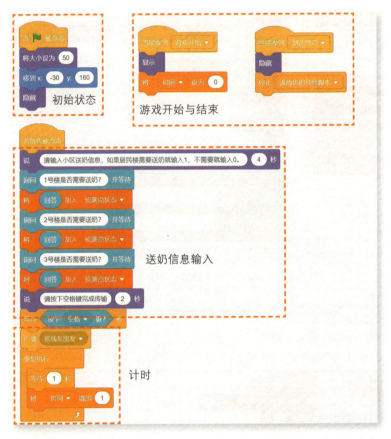

图 13-18 "开始按钮"代码包括初始状态、送奶信息输入、计时和游戏开始与结束

通过询问并等待积木把回答存入侦测点状态列表当中，列表中的数值 0 表示这幢楼没有订单，数值为 1 这幢楼有订单。

（4）为"送奶巡线车"角色设置脚本代码，如图 13-19 所示。需要建立变量：送货件数。（注意，送奶巡线车的初始位置和方向应该在小区前方的路线上，详见图 13-2，根据实际情况调正）如果小车跑出线路，可以调正移动步数和左右旋转角度；如果侦测两次可以增加碰到侦测点时的移动步数。

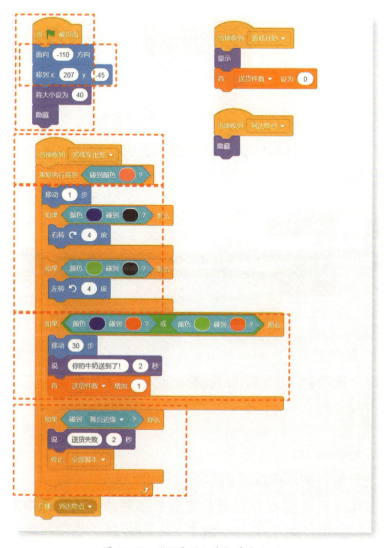

图 13-19 "巡线送奶车"脚本代码

在使用什么颜色碰到什么颜色侦测积木的过程中，可以点击积木椭圆形框中的颜色，然后使用吸取工具，来到舞台吸取角色所对应的颜色。

4. 添加结束页面相关代码

（1）在"结束页面"背景上设置如图 13-20 所示的脚本代码。

图 13-20 "结束页面"背景上的脚本

（2）为"送奶车"角色设置脚本代码，完成任务后显示相关信息并停止全部脚本。代码如图 13-21 所示。

图 13-21 "送奶车"角色上的脚本代码

## 5. 保存脚本

点击选项栏"文件/保存到电脑"，为文件命名，点击保存按钮。

## 6. 程序解读

（1）如何实现巡线送奶车沿线行进？

巡线送奶车前方有左绿右蓝两个探测器，当蓝色探测器侦测到黑色道路说明车子向左偏了，车向右转。当绿色探测器侦测到黑色道路说明车子向右偏了，车向左转。如果两侧的探测器都没侦测到黑色道路说明车子没有偏离道路，车子直行。黑色道路、绿色和蓝色探测器都不是角色，因此在此使用颜色侦测积木进行判断，如图 13-22 所示。

图 13-22 "巡线送奶车"巡线功能

（2）如何根据订货信息设置侦测点？

"侦测点"角色有两个造型，造型 1 上有橙色圆形标记（有订单），造型 2 为空白（无订单）。"巡线送奶车"前端两侧探测器侦测到橙色圆形标记，车子向前移动 20 步越过侦测点停车送奶，车子越过侦测点停车是为了避免在同一侦测点重复检测，多次送货。如图 13-23 所示。

图 13-23 "巡线送奶车"到"侦测点"停留功能

## 认真学习

1. 学一学新认识的积木（指令）

表 13-1 积木

| 积木（指令） | 名称 | 用途 | 参数 |
|---|---|---|---|
| 颜色 碰到 ? | 是否颜色一碰到颜色二 | 检测第一个指定颜色有没有碰到第二个指定颜色。如果碰到了，那么返回值为"真"；否则返回值为"假" | 有两个颜色参数，分别用于指定这两种颜色 |
| 询问 你叫什么名字? 并等待 | 询问并等待 | 显示指定文本内容并等待用户输入 | 有一个参数，用于指定文本 |
| 回答 | 回答 | 获取用户通过指令输入的数据 | 无 |

## 拓展练习

1. 根据对场景作用的理解，尝试为 3 个场景配上合适的音效。

2. 是否可以在巡线道路上设置一个红绿灯角色，红灯小车停，绿灯小车开。

## 自我评价

表 13-2　自我评价表

| 学习内容 | 达到预期 | | 接近预期 | | 有待提高 | |
|---|---|---|---|---|---|---|
| 完成本次活动 | 独立完成 | ☐ | 得到帮助完成 | ☐ | 未完成 | ☐ |
| 理解列表在本活动中的作用和使用方法 | 理解 | ☐ | 部分理解 | ☐ | 不理解 | ☐ |
| 理解小车巡线行进的原理 | 理解 | ☐ | 部分理解 | ☐ | 不理解 | ☐ |
| 理解"什么颜色碰到什么颜色"积木原理和使用方法 | 理解 | ☐ | 部分理解 | ☐ | 不理解 | ☐ |
| 对智能生活有新的理解 | 理解 | ☐ | 有点理解 | ☐ | 不理解 | ☐ |
| 学习 Scratch 编程知识热情有所提高 | 有 | ☐ | 还行 | ☐ | 没有 | ☐ |

## 挑战自己

为了满足居民足不出小区就能接收到更多品种的货物，请修改脚本使无人巡线小车增加运送不同货物的功能。

（提示：可以对侦测点状态列表增加更多的数值类型，在 0、1 的基础上增添为 0、1、2、3、…，同时增加侦测点的颜色造型来实现运送更多品种的货物。）

让低碳树苗

快快成长

人类在享受现代生活方式的同时也增加了温室气体的排放，大气中温室气体增多会形成"温室效应"。防治温室效应加剧有效方法之一就是大力提倡低碳生活方式，减少温室气体的排放。

通过本活动的学习，让你学会制作一个《让低碳树苗快快成长》的环保作品，当用各种低碳生活方式对树苗进行浇灌时，树苗就会快速成长；用非低碳生活方式对树苗进行浇灌，树苗将会枯萎直至死亡。

## 活动分析

作品分为三个场景：

场景一为项目的主页面，在沙漠的背景中出现项目的名字《让低碳树苗快快成长》和游戏规则（如图14-1所示）。

图14-1 《让低碳树苗快快成长》项目主页面

场景二为游戏页面，沙漠里出现一棵小树苗、水桶、绿色能量球（如图14-2所示）。绿色能量球是人们日常的生活行为，正能量的有"低碳行为"，负能量的有"非低碳行为"。单击"低碳行为"小球就能使水桶中的水量值增加1，当水量值达到5时，能为小树苗浇水一次，小树苗就苗壮成长。如果点击"非低碳行为"小球，水量值会减少1，达到-5小树苗就会枯萎死亡。

图 14-2 《让低碳树苗快快成长》游戏页面

场景三为游戏结束页面，每浇水一次，小树苗的成长量会增加1级。当小树苗成长量增加到3级后，就长大成一棵参天大树，切换成绿洲的背景。最终显示文字"经过千千万万人的共同努力，这里就是一片绿洲！"（如图14-3所示）。当水量少于等于-5，小树苗由于严重缺水就会枯萎死亡如图14-4所示）。

图 14-3 《让低碳树苗快快成长》结束页面之一

图 14-4 《让低碳树苗快快成长》结束页面之一

动手操作

1. 制作项目三个背景

（1）从背景库中导入两次 Desert，再导入 Wetland 背景，删除原有的空白背景。按如图 14-5 所示排列，并重新将背景造型分别改名为"主页面""游戏页面""游戏结束页面"。

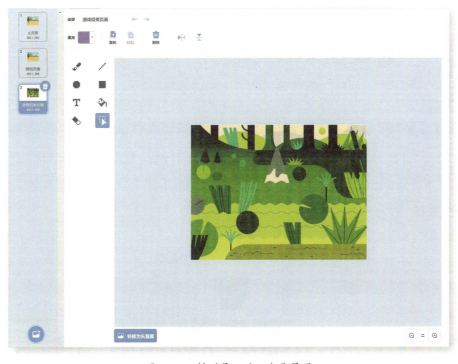

图 14-5　排列导入的三个背景图

（2）在主页面背景上用"文本"工具输入项目名称《让低碳树苗快快成长》，以及游戏规则（如图 14-6 所示）。

图 14-6　制作游戏名称及规则页面

2. 导入"水桶"角色并修改

（1）从角色库中导入"Takeout"角色，在造型编辑器中删除"Takeout-a"之外的 4 个造型（如图 14-7 所示），并改名为"水桶"。

图 14-7　删除 Takeout-a 之外的其他造型

（2）在 Takeout-a 上右击鼠标，选择"复制"命令，复制出一个新造型"Takeout-a1"，使用"选择"工具框选 Takeout-a1造型，将鼠标移动到下方旋转拖曳点，向右上方旋转，使Takeout-a1 向左倾斜（如图 14-8 所示）。再以 Takeout-a1 为母本

复制出 Takeout-a2，对 Takeout-a2 进行旋转操作，使三个造型
呈现出逐渐倾倒的动画效果（如图 14-9 所示）。

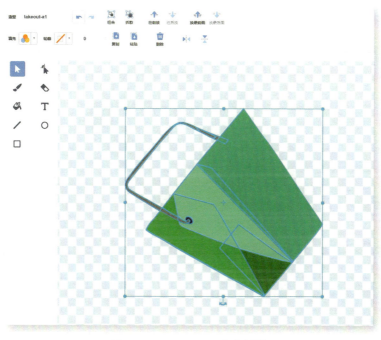

图 14-8　Takeout-a1 向左倾斜

（3）在第三个造型"Takeout-a2"
中使用"圆"工具，添加水从桶中逐渐
倒出的效果，并旋转每个水滴方向（如
图 14-10 所示）。

（4）在 Takeout-a2 上右击鼠标，
选择"复制"命令，复制出一个新造型
"Takeout-a3"，使用"圆"工具并旋
转，继续添加水滴倒出的效果。水桶的
4 个造型就全部完成了，将造型名依次
修改为如图 14-11 所示。

图 14-9　通过复制和旋转完
成水桶的 3 个造型

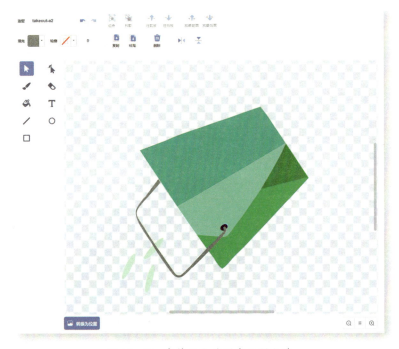

图 14-10　在第 3 个造型中绘制水花

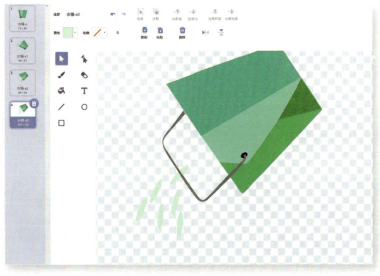

图 14-11　在第 4 个造型中继续添加水花并依次修改所有造型名

3. 导入"树"角色并修改。

（1）从角色库中导入角色"Tree1"（如图 14-12 所示）。改名为"树"，造型名为"树1"。

（2）在造型编辑器中，以"树1"为母本复制出造型"树2"。选择"填充"工具，点击"选择填充颜色"位置

图 14-12　导入角色"Tree1"

的下拉箭头，选择第三种渐变颜色方式，如图 14-13 所示选择好两种渐变颜色，依次点击"树2"造型里的树叶形状，通过颜色的改变使树2呈现枯萎的状态。

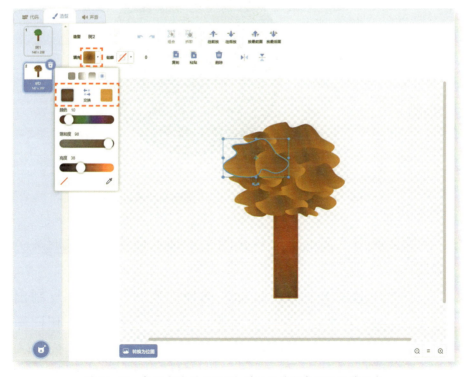

图 14-13　复制出造型"树2"并改变其颜色呈现枯萎状态

4. 制作两种能量球角色（"低碳行为"和"非低碳行为"）

（1）新建一个名为"低碳行为"的角色。在"低碳行为"角色造型编辑器中，使用"圆"工具绘制一个以深绿为轮廓色、浅绿为填充色的实心圆，注意圆心位置要位于造型中心点（如图 14-14 所示）。

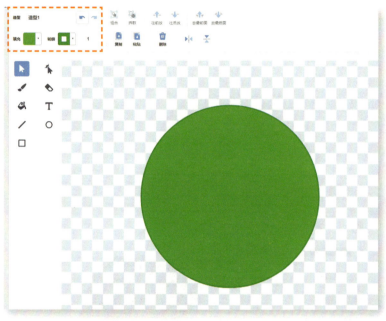

图 14-14　绘制以深绿为轮廓色、浅绿为填充色的实心圆

（2）使用"文本"工具在圆上添加低碳生活方式的文字（如图 14-15 所示）。

（3）在造型 1 上右击鼠标，选择"复制"命令，复制出"造型 2"，使用"文本"工具对上面的文字进行修改。用同样的方法为"低碳行为"角色制作多个造型（如图 14-16 所示）。

（4）在角色区"低碳行为"角色上右击鼠标，选择"复制"命令，并改名为"非低碳行为"（如图 14-17 所示）。

快乐学
Scratch

图 14-15 使用"文本"工具在圆上添加低碳生活方式的文字

图 14-16 为"低碳行为"角色
制作多个造型

图 14-17 新建"非低碳行为"角色

215

（5）在"非低碳行为"角色造型编辑器中使用"文本"工具对文字进行修改，并复制多个造型修改它们的文字，文字描述可参阅下文【认真学习】部分（如图14-18所示）。

图14-18　添加非低碳生活方式的文字描述

5. 为《让低碳树苗快快成长》项目主页面设置脚本

（1）新建三个变量。

① 变量"名字"：为种出的大树命名，存储在"名字"变量中。

② 变量"水量"：表示水桶里的实时水量值，初始为0，水满为5。

③ 变量"小苗成长量"：指小树苗目前的生长等级，初始为0，每浇水一次就会升1级，达到3级即可成长为参天大树。

（2）在背景中设置脚本代码。实现背景"主页面"在4秒后切换至"游戏页面"，随后发送"游戏开始"的广播，背景音乐开始循环播放（如图14-19所示）。

图14-19　项目主页面中背景的切换
和设置背景音乐

（3）为"水桶"角色设置初始化脚本代码。设置"水量"变量为0，将该变量和角色都隐藏（如图14-20所示）。

（4）为"树"角色设置初始化脚本代码。设置颜色特效为0，将"小苗成长量"变量设为0，将该变量和角色都隐藏（如图14-21所示）。

图14-20　项目主页面中"水桶"角色的初始化代码

图14-21　项目主页面中"树"角色的初始化代码

（5）为两种能量球角色设置脚本代码（如图14-22所示）。两种能量球在项目主页面中都隐藏。

图14-22　项目主页面中两种能量球角色的初始化代码

6.《让低碳树苗快快成长》游戏页面中角色的脚本代码

（1）为"水桶"角色增加如图14-23所示的脚本代码。

（2）为"树"角色增加如图 14-24 所示的两组脚本代码。

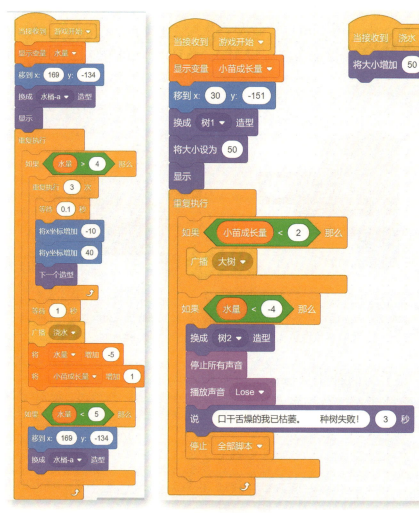

图 14-23　游戏页面中"水桶"角色的代码　　图 14-24　游戏页面中"树"角色的代码

（3）为"低碳行为"能量球角色增加如图 14-25 所示的三组脚本代码。

（4）通过复制 / 粘贴将"低碳行为"能量球角色的脚本复制到"非低碳行为"能量球角色上，并修改为如图 14-26 所示。

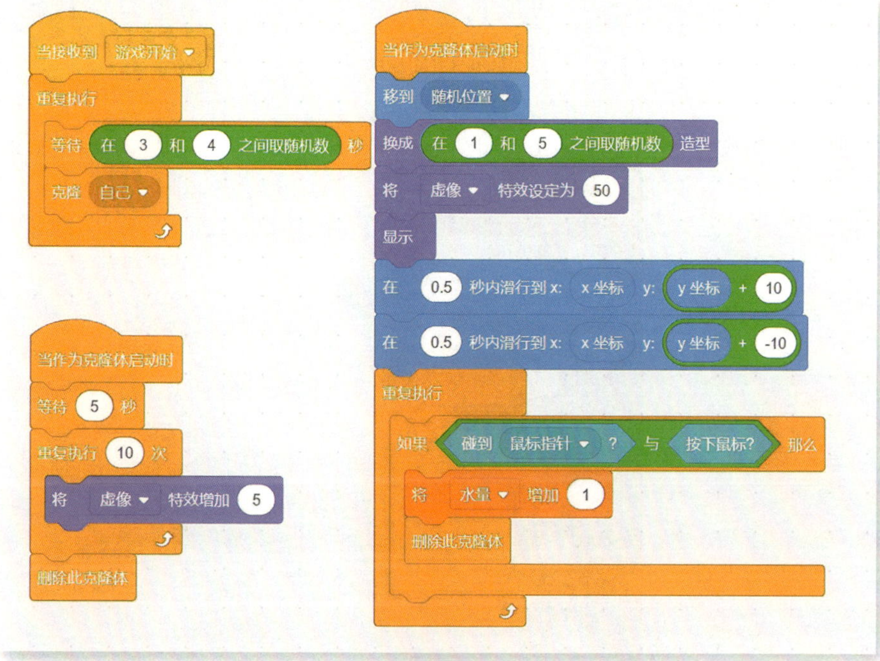

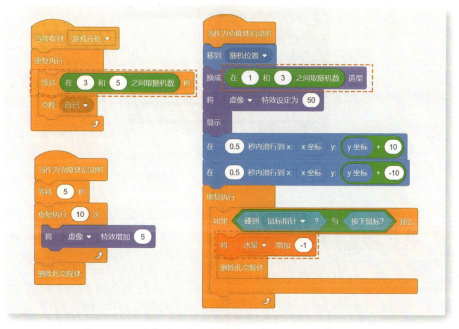

图 14-25 游戏页面中"低碳行为"能量球角色的代码

图 14-26 游戏页面中"非低碳行为"能量球角色的代码

7.《让低碳树苗快快成长》游戏结束页面上角色脚本代码。

为"树"角色增加如图 14-27 所示的脚本代码。

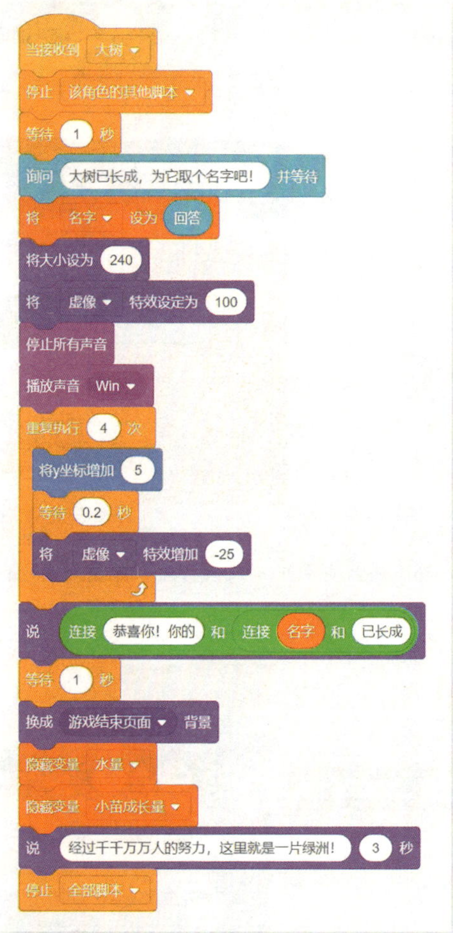

图 14-27　结束页面中"树"角色的代码

## 认真学习

1. 低碳生活是什么？

低碳生活就是在生活中尽量采用低能耗、低排放的生活方式。低碳生活是一种健康绿色的生活理念，是一种可持续发展的环保责任。下面介绍几种日常生活中的低碳生活行为。

（1）绿色出行

鼓励践行"3510"出行：3公里内步行、5公里内骑车、10公里内选择公共出行等绿色低碳的方式。

（2）节约用电

树立节约用电的理念，使用高效节能的照明光源，出门随手关灯，不使用白昼灯、长明灯、无人灯。

（3）杜绝使用一次性餐具

长期、大量使用一次性餐具在给我们生活带来便利的同时也会造成大量的资源浪费、环境污染问题。外出就餐使用消毒餐具或自带餐具，拒绝使用一次性餐具。

（4）推广使用无磷洗衣粉

洗衣粉一般都使用磷酸钠作为助洗剂，洗涤后，含磷废水流入江河湖泊，造成水中蓝藻生长迅速，水体流动减缓，鱼类及其他生物因缺氧死亡。

2. 学一学新认识的积木（指令）

表 14-1　积木

| 积木（指令） | 名称 | 用　途 | 参　数 |
|---|---|---|---|
| 在 1 秒内滑行到 x: 0 y: 0 | 滑行到坐标位置 | 将当前角色在指定时间内滑行到参数所指定的坐标位置 | 有三个参数。第一个参数用于指定时间；第二和第三个参数用于指定的 x 坐标值和 y 坐标值 |
| 停止所有声音 | 停止所有声音 | 停止角色所有声音的播放 | 无 |
| 按下鼠标? | 是否按下鼠标 | 检测是否按下鼠标。如果按下了，那么返回值为"真"；否则返回值为"假" | 无 |

3. 程序解读

（1）如何让能量球出现在随机位置又上下轻微浮动？

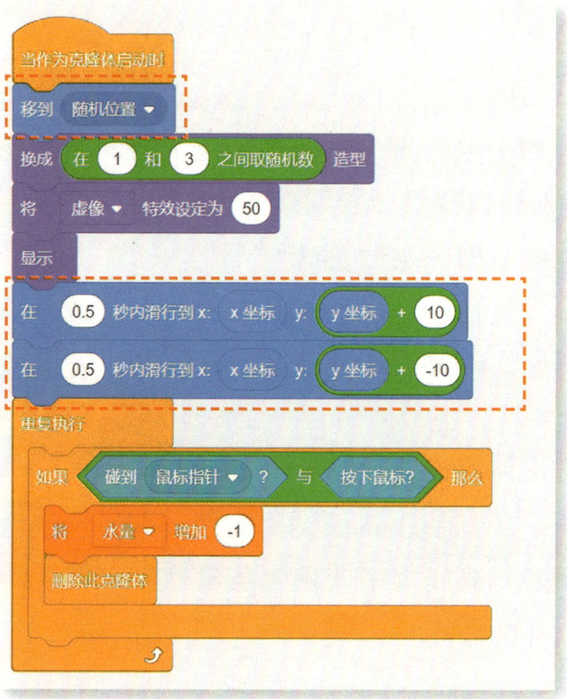

图 14-28　实现"能量球"角色随机位置出现并上下
浮动的代码

　　运用克隆的方式让克隆体最开始在舞台随机位置处出现，
向上滑行 10 步后再向下滑行 10 步（如图 14-28 所示），就出现
了上下浮动的动画效果。

　　（2）如何让没有被及时选中的能量球自动淡出并消失？

　　在图 14-28 所示的脚本中，将克隆体的虚像值设定为 50，
可以理解成 50% 的透明度。经过 5 秒后，若能量球没有被点击
则虚像值每次增加 5，这就是逐渐淡出的效果，执行 10 次后虚
像值达到了 100 就完全透明了，此时删除克隆体（如图 14-29
所示）。

快乐学

Scratch

图 14-29 实现"能量球"角色自
动淡出并消失的代码

（3）如何实现为小树苗浇水的动画效果？

在 Scratch 中，使用造型间切换是实现动画效果的一种方法，在"水桶"角色的制作中已经完成了水桶旋转及浇水的多个造型，通过造型间的切换，改变 x 和 y 的坐标值实现水桶倾倒及浇水的动画效果，动画效果如图 14-30 所示。脚本代码如图 14-31 所示。

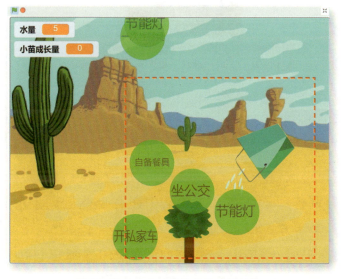

图 14-30　为小树苗浇水的画面效果

当接收到 游戏开始 ▼

显示变量 水量 ▼

移到 x 169 y -134

换成 水桶-a ▼ 造型

显示

重复执行
　如果 水量 > 4 那么
　　重复执行 3 次
　　　等待 0.1 秒
　　　将x坐标增加 -10
　　　将y坐标增加 40
　　　下一个造型

　　等待 1 秒
　　广播 浇水 ▼
　　将 水量 ▼ 增加 -5
　　将 小苗成长量 ▼ 增加 1

　　如果 水量 < 5 那么
　　　移到 x 169 y -134
　　　换成 水桶-a ▼ 造型

图 14-31　实现"水桶"角色为小树苗浇水的代码

拓展练习

　　1. 和小伙伴一起，通过咨询老师或家长、查阅相关资料、开展社会调查，了解在日常生活中还有哪些低碳生活方式？哪些非低碳生活方式？

　　2. 在日常生活中，除了制作低碳环保类项目进行宣传之外，还能用什么实际行动来践行低碳生活？

快乐学
Scratch

表 14-2　自我评价表

| 学习内容 | 达到预期 | 接近预期 | 有待提高 |
|---|---|---|---|
| 完成本次活动 | 独立完成 ☐ | 得到帮助完成 ☐ | 未完成 ☐ |
| 了解角色随机出现和动态显示的实现方法 | 了解 ☐ | 部分了解 ☐ | 不了解 ☐ |
| 对角色的淡入淡出效果实现有所了解 | 了解 ☐ | 部分了解 ☐ | 不了解 ☐ |
| 理解克隆体概念以及在脚本中的作用 | 理解 ☐ | 有点理解 ☐ | 不理解 ☐ |
| 对玩游戏意义有新的理解 | 理解 ☐ | 有点理解 ☐ | 不理解 ☐ |
| 对低碳生活方式重要性有新的理解 | 理解 ☐ | 有点理解 ☐ | 不理解 ☐ |
| 学习 Scratch 编程知识热情有所提高 | 有 ☐ | 还行 ☐ | 没有 ☐ |

挑战自己

　　你的低碳树苗在正能量球的激励下已经长成一片绿洲，在此基础上还想增加哪些新角色？拓展哪些游戏功能？比如，当你输入一个日期，将自动选取即将到来的下一个节日，你的大树会按照不同节日主题换上盛装；比如……试着实现自己的奇思妙想吧！

SCRATCH

项目篇 》》跨学科
团队活动

● 活动十五 我们的项目

我们的

项目

通过前面 14 个活动学习，使我们对 Scratch 有了新的认识：Scratch 是一面窗，为我们开启了一个编程新世界；Scratch 是一个工具，可以将我们的创意变成作品；Scratch 是一个平台，能将我们的才智和创造力充分展现。在本活动中你将和小伙伴一起，以小组方式（2～4 人），通过两次活动时间，从下面几个活动主题中选择一个最感兴趣的项目进行探究，并用 Scratch 将你们的探究结果呈现出来。

## 一、探究活动主题

### 主题 1　寓言动画故事

- 你知道什么是寓言故事吗？

寓言故事是用比喻来寄寓为人处世道理的文学作品。寓言故事分为两种类型：一种是用夸大的手法，勾画出部分人群的思想和行事方法；另一种是用拟人的手法，把人类以外的动植物人格化，使之具有人的思想感情或特点。《揠苗助长》《自相矛盾》《守株待兔》《刻舟求剑》等都是非常优秀的寓言故事。

### 主题 2　优秀儿童歌曲

- 哪首儿童歌曲给你留下了深刻的印象？

优秀儿童歌曲能让儿童陶醉在歌曲所描绘的境界中，引发情感上的共鸣，产生愉悦感。正确的价值观在传唱过程中潜移默化起着教育作用，帮助广大儿童逐渐形成正确的世界观、人生观和价值观。《让我们荡起双桨》《外婆的澎湖湾》《兰花草》《小螺号》等都是优秀的儿童歌曲，陪伴着一代又一代快乐成长。

### 主题 3　益智小游戏

- 和小伙伴一起玩得最多的是哪款游戏？

游戏是儿童快乐成长的好伙伴。娱乐类游戏（如活动 9 的"挡球小游戏"、活动 10 的"蜻蜓打蝙蝠游戏"和活动 11 的"打砖块游戏"）、学习类游戏（如活动 11 的"歇后语猜一猜"和活动 14 的"让低碳树苗快快成长"）等都可归为益智游戏。

### 主题4　科创与未来生活

- 你向往的未来生活方式是什么？

智能手机通过物联网技术能向家中的智能家居发出操作指令，让我们得到更便捷的家庭服务；无人驾驶技术使我们的出行更加舒适和讯捷，使城市更加友好宜居；人工智能技术将一些从事繁琐和重体力劳动岗位的人解放出来，让更多的人从事更高层次的科技创新。你和小伙伴最期待的是什么创新技术？

### 主题5　低碳环保

- 为什么要提倡低碳环保理念？

低碳是指减少温室气体（二氧化碳为主）的排放。低碳生活则是一种减少二氧化碳排放的生活方式，如改变高耗能的生活方式：节约用电、外出坐公共交通、不浪费生活资料等。环境保护就是用环境科学的方法，协调人类与环境的关系，解决各种问题，保护和改善环境，如日常生活中坚持做好垃圾分类、保护绿化、维护生物多样性等。

### 二、组建并确定探究活动主题

现在以 2～4 位学生为一组，在组长的带领下，讨论如下问题来确定探究活动主题：

- 你们对哪个主题最感兴趣？
- 探究这个主题需要具备哪些知识和技能？

- 小组成员具有这些知识和技能吗？
- 探究过程中会有哪些困难？
- 通过什么途径获取帮助？
- 如何把你们的特长融入主题项目中？

如果小组还未确定探究主题，可以邀请老师参加你们的讨论，结合老师的建议最后确定小组探究主题，把你们小组的探究主题写在白纸上。

### 三、进一步分析各探究活动项目的实施步骤

确定探究主题后，小组成员仔细讨论研究该主题下所列出的问题和步骤，通过书籍、互联网等资源，寻找相关答案。对每个问题的讨论结果可以记录在纸上，最终将所得结果整理成一个探究活动项目实施的计划书。

1. 寓言动画故事

（1）是否有小组成员都喜欢或多数成员认同的寓言故事？这个寓言故事的名字是什么？

（2）通过互联网或其他途径，查阅该寓言故事的原文（及寓意）以及它的出处。

（3）该寓言故事有几个角色？他们都有哪些动作？故事发生的场景有没有变化？

（4）在制作的寓言动画故事中，角色将如何获取（系统角色库、自己绘制）？共有几个背景（包括主页面），背景将如何获取（系统背景库、网络下载导入、自己绘制）？

（5）故事的演绎使用文字表述还是用录制声音插入动画页面？

（6）在 Scratch 中如何完成上述故事角色、背景以及文字

（声音）制作？如何进行脚本设计使其成为一个完整的寓言动画故事？

（7）小组讨论进行分工，并制定完成项目的工作进度表。

（8）合成并测试寓言动画故事，在听取他人的建议后进行适当的修改，完善项目。

（9）小组就成员分工、作品展示、制作过程中的感悟在班级中进行分享。

2. 优秀儿童歌曲

（1）所选择的儿童歌曲是否得到小组多数成员的认同？是否都能唱这首歌？

（2）伴奏音乐是从网络下载导入还是在 Scratch 中自己制作（歌谱从何处获得）？

（3）准备是以独唱、二人唱、小组唱形式呈现？与歌曲相关的背景画面是从网络下载还是自己绘制？画面中的歌词文字如何呈现？

（4）项目共有几个页面？每个页面上有哪些角色？如何获取角色和制作页面？

（5）在 Scratch 中完成项目所需的伴奏音乐、歌声如何制作？如何进行脚本设计使其成为一个完整的儿童歌曲传唱作品？

（6）小组讨论进行分工，并制定完成项目的工作进度表。

（7）合成并测试儿童歌曲传唱作品，进行合理修改完善项目。

（8）小组就成员分工、作品展示、制作过程中的感悟在班级中进行分享。

3. 益智小游戏

（1）小组讨论决定制作什么游戏，并给游戏起个准确响亮的名字。

（2）用文字对游戏进行简单描述，以及游戏的玩法。

（3）游戏都有哪些角色和背景？如何获得这些元素？

（4）每个角色都有哪些动作？如何设计脚本代码实现这些动作？

（5）在游戏中角色之间的关系是什么？通过哪些代码可以确保这些关系成立？

（6）小组讨论进行分工，并制订完成项目的工作进度表。

（7）合成并测试游戏作品，进行合理修改完善作品。

（8）小组就成员分工、作品展示、制作过程中的感悟在班级中进行分享。

4. 科创与未来生活

（1）小组成员对哪些新技术比较关心，这些新技术会如何影响未来生活？

（2）用文字描述在新技术影响下未来的生活方式会有哪些变化。

（3）变化后的生活方式能否用 Scratch 动画实现？

（4）要用 Scratch 模拟未来生活，需要哪些角色和背景？如何获得这些角色和背景？

（5）需要给角色或背景设计什么脚本才能模拟未来的生活方式？

（6）小组讨论进行分工，并制定完成项目的工作进度表。

（7）合成并测试作品，进行合理修改完善作品。

（8）小组就成员分工、作品展示、制作过程中的感悟在班级中进行分享。

5. 低碳环保

（1）小组讨论为什么要树立低碳环保理念？结合日常学习生活行为，罗列不符合低碳环保理念的现象。

（2）对其中两种现象进行分析，分别对环境和可持续发展带来哪些不利的影响？改进的方法有哪些？

（3）针对其中一种现象用 Scratch 设计制作一个倡导低碳环保理念的项目。

（4）这个项目包含几个角色和背景？角色和背景如何获得？

（5）为每个元素（角色和背景）设计动作及确定相互间的关系，并赋予脚本代码能够实现这些动作和关系。

（6）小组讨论进行分工，并制定完成项目的工作进度表。

（7）合成并测试宣传低碳环保理念的作品，进行合理修改完善作品。

（8）小组就成员分工、作品展示、制作过程中的感悟在班级中进行分享。

## 四、动手完成探究活动项目

在完成探究活动项目实施计划之后，小组成员结合自己的兴趣和能力，进行合理分工，在充分发挥每个成员的主人翁精神基础上，做到分工不分家，以团队协同方式完成各自的任务，再结合 Scratch 的特点，为项目设计角色、背景等元素，通过脚本设计实现角色的动作以及元素之间的关系，最终完成一个与主题相关的 Scratch 作品。

## 五、项目展示

在项目报告中，要用自己的语言阐述小组的观点及项目探究过程，在展示中小组成员应全员参与，每个成员要介绍自己在项目中所承担的任务以及参与感想：

- 我在项目中主要承担了什么任务？

- 在参与项目过程中我最大的收获是什么？

组长介绍项目制作的整个过程：

- 为什么选择这个主题？

- 制作这个项目的目的是什么？

- 遇到的最大挑战是什么？是如何战胜的？

展示完 Scratch 作品后，可以邀请小组外的同学对作品发表意见，对同学的意见首先表示感谢，然后进行回答；对难以回答的问题，首先表示感谢，然后承诺小组同学会对该问题继续进行探究。

每个小组展示时间控制在 10 分钟之内。

图书在版编目（CIP）数据

快乐学Scratch / 陈红霞著. —上海：上海教育出
版社，2024.3
ISBN 978－7－5720－2625－6

Ⅰ.①快… Ⅱ.①陈… Ⅲ.①程序设计－儿童读物
Ⅳ.①TP311.1－49

中国国家版本馆CIP数据核字（2024）第076253号

责任编辑　徐建飞　　卢佳怡
封面设计　金一哲

**快乐学Scratch**

陈红霞　著

出版发行　上海教育出版社有限公司
官　　网　www.seph.com.cn
地　　址　上海市闵行区号景路159弄C座
邮　　编　201101
印　　刷　上海普顺印刷包装有限公司
开　　本　700×1000　1/16　印张　15.5
字　　数　180千字
版　　次　2024年4月第1版
印　　次　2024年4月第1次印刷
书　　号　ISBN 978－7－5720－2625－6/G·2317
定　　价　80.00元

如发现质量问题，读者可向本社调换　　电话：021-64373213